U0154863

Visual Basic 程序设计基础实验指导与习题集

沈 颖　王 田　乔 梁 主编

科 学 出 版 社

北 京

内 容 简 介

本书是《Visual Basic 程序设计基础》的配套实验指导与习题集，是对主教材的一个良好的补充与支撑。

本书结合课程教学和上机实验的特点，将每个章节的内容分为“学习目标”、“习题解答”、“常见错误与难点分析”以及“自测题”四个部分。在“学习目标”中，针对课程标准提出该章节中应了解、理解和掌握的知识点；在“习题解答”中，对主教材每章后面的简答题进行了解答，对所有上机练习题给出了思路分析和部分参考代码；在“常见错误与难点分析”中，对教学中遇到的问题、难点、知识细节进行分析，以使初学者少走弯路；在“自测题”中精选了非计算机专业计算机等级（二级）考试 Visual Basic 语言试题的相关习题，并提供了参考答案，供读者练习自测。

本书例题习题丰富，分析透彻，与主教材配套便于自学。本书可作为计算机程序设计的入门教材，也可作为成人教育和继续教育的教材，同时还可作为参加非计算机专业 Visual Basic 语言计算机等级考试的复习参考书。

图书在版编目(CIP)数据

Visual Basic 程序设计基础实验指导与习题集/沈颖，王田，乔梁主编.
—北京：科学出版社，2011

ISBN 978-7-03-032567-9

Ⅰ. ①V… Ⅱ. ①沈… ②王… ③乔… Ⅲ. ①BASIC 语言-程序设计-教学参考资料 Ⅳ. ①TP312

中国版本图书馆 CIP 数据核字(2011) 第 211564 号

责任编辑：胡云志 潘继敏／责任校对：陈玉凤
责任印制：张克忠／封面设计：陈 敬

科学出版社出版
北京东黄城根北街 16 号
邮政编码：100717
http://www.sciencep.com

北京市文林印务有限公司印刷

科学出版社发行 各地新华书店经销

*

2011 年 10 月第 一 版 开本：720 × 1000 1/16
2011 年 10 月第一次印刷 印张：8 3/4
印数：1—4 000 字数：180 000

定价：23.00 元

(如有印装质量问题，我社负责调换)

前　言

计算机程序设计是一种理论与实践相统一的创造性活动。这种实践活动主要包括两个方面：练习用计算机程序设计语言来表达各种计算过程；编写解决实际问题的应用程序。为践行“坚持知识、能力、素质三位一体，提高创新精神、批判性思维和分析解决问题的能力”的教学改革，我们编写了本书，作为《Visual Basic 程序设计基础》一书的配套实验指导与习题集。

全书分为 9 章，每章包含以下内容。

学习目标：根据“大学非计算机专业计算机等级考试（二级 VB 程序设计）”的考试大纲，整理了 VB 程序设计基础的知识点以及重点和难点内容。

习题解答：根据理论教材的框架，给出上机练习题的参考答案和解题思路。

常见错误与难点分析：根据教学实践经验，整理上机时的常见错误和解决方法。

自测题：根据教学大纲要求，精选了具有代表性的练习题和考试题。

本书具有以下特点：

1. 利用丰富的练习和实验题，循序渐进地巩固和深化 VB 程序设计的知识点；
2. 通过分析上机练习题的解题思路，强调和训练 VB 程序设计的分析方法；
3. 根据计算机等级考试的要求，从理论和实验两方面提高程序设计能力。

本书由杨胜编写第 1 章和第 9 章，王田编写第 2 章和第 7 章，肖嵛编写第 3 章和第 8 章，乔梁编写第 4 章和第 5 章，沈颖编写第 6 章和附录。郑伟和尹春晓完成本书的代码测试工作。

在此，感谢有关专家、教师和学生长期以来对我们工作的支持和帮助，感谢科学出版社的编辑对本书出版付出的辛勤劳动。

由于编者学识和经验所限，本书中不足在所难免，恳请广大读者批评指正。

编　者

2011 年 6 月于第三军医大学

目　　录

第 1 章　Visual Basic 程序设计概述

1.1　学 习 目 标

【了解】

1. 类和对象的概念。
2. 程序开发工具的使用方法。

【理解】

1. 面向对象的程序设计思想。
2. 事件驱动的运行机制。
3. 对象的属性、方法和事件。

【掌握】

1. 创建 VB 应用程序的步骤。
2. 窗体文件、工程文件的保存与路径选择。
3. 窗体与常用内部控件的使用方法。

1.2　习 题 解 答

一、简答题

1. 创建 VB 应用程序的步骤和使用的程序开发工具见表 1.1。

表 1.1　创建 VB 应用程序的步骤及工具

创建步骤	使用工具（工程管理器）
① 创建工程	新建工程对话框
② 画程序界面	工具箱、窗体设计器
③ 设置对象属性	窗体设计器、属性设置器
④ 编写程序代码	代码编辑器
⑤ 调试运行程序	主窗口调试菜单
⑥ 保存所有文件	Ctrl + S

2. （1）窗体文件和工程文件，扩展名分别为 .frm 和 .vbp。当窗体或控件属性含有图片或图像等二进制数据时，还会自动生成窗体二进制文件（.frx）。

（2）如果 VB 系统安装在 C 盘，VB 默认的保存位置为

C:\Program Files\Microsoft Visual Studio\VB98

（3）双击窗体，会自动再建一个新的工程文件，新工程只包含被双击的窗体模块；若双击工程，则可打开应用程序的工程以及该工程包含的所有模块。因此，双击工程这种打开方式通用性更强，更合理。

3. 利用“视图/工程资源管理器”菜单命令。

4. 若双击工程管理器中的窗体模块，则激活窗体设计器窗口；若双击窗体设计器中的窗体或控件，则激活代码编辑器窗口。

5. VB 有三种工作模式：

• 设计模式，用于设计程序界面和编写代码

• 运行模式，用于测试程序设计的效果，此时不能进行设计操作

• 中断模式，用于程序代码的调试，此时可以编辑代码，但不能编辑界面

根据程序开发的需要，用户可用工具栏中的“启动”、“中断”和“结束”按钮进行模式切换。在调试运行应用程序时，结束运行模式的方法有：

• 利用窗体右上角的控制盒来结束应用程序

• 利用窗体内部的结束按钮（该按钮应执行结束代码）结束应用程序

• VB 主窗口的“结束”按钮

• 激活窗体后，用“Alt + F4”快捷键

• “Ctrl + Break ”快捷键先中断执行，然后用“结束”按钮

• 利用任务管理器来结束应用程序

6. VB 采用面向对象的编程思想和事件驱动的运行机制，其特点还包括开发工具集成化、界面设计可视化、程序语言结构化和程序代码模块化。

这些特点与程序设计的关系包括：

• 面向对象的思想指导整个程序设计方法，可利用“搭积木”的方法进行程序设计

• 事件驱动的运行机制决定程序的执行流程和设计时代码的书写位置

• 开发工具集成化方便程序界面设计、代码书写和程序调试

• 界面设计可视化通过绘制来创建控件对象、方便静态界面的设计

• 程序语言结构化和程序代码模块化便于代码的维护和调试

7. 对象名：Balloon

属性：Height、Diameter、Color

方法：Deflate、MakeNoise

事件：Puncture

8. 应放在窗体大小改变事件中，代码如下：

```
Private Sub Form_Resize()      '当窗体大小改变时执行
    Command1.Left = (Me.Width - Command1.Width) / 2
    Command1.Top = (Me.ScaleHeight - Command1.Height) / 2
End Sub
```

9. 窗体，在窗体上需要一个文本框（用来输入半径）、一个标签（用来显示面积），其他还需要两个标签来显示输入和输出的提示文字、一个命令按钮表示半径输入完毕。设命令按钮名为 Command1，事件过程的代码如下：

```
Private Sub Command1_Click()
    r = Val(Text1.Text)         '设文本框名为 Text1
    S = 3.14 * r * r
    Label3.Caption = S          '设标签名为 Label3
End Sub
```

10. 如果程序启动对象为窗体，启动之后立刻关闭窗体，窗体对象上发生的事件序列为
    Form_Initialize → Form_Load → Form_Resize → Form_Activate → Form_Paint → Form_QueryUnload → Form_Unload → Form_Terminate
    启动之后单击窗体，然后关闭窗体，窗体对象上发生的事件序列为
    Form_Initialize → Form_Load → Form_Resize → Form_Activate → Form_Paint → Form_Click → Form_QueryUnload → Form_Unload → Form_Terminate
    包含鼠标其他事件的序列为
    Form_Initialize → Form_Load → Form_Resize → Form_Activate → Form_Paint → Form_MouseDown → Form_MouseUp → Form_Click → Form_MouseMove → Form_QueryUnload → Form_Unload → Form_Terminate

二、上机练习题

1. 启动 Visual Basic，新建一个“标准 EXE”工程，在 Visual Basic 的集成开发环境中找出以下界面元素：菜单栏、工具栏、工具箱、工程资源管理器窗口、属性窗口、窗体布局窗口、窗体设计器窗口和代码编辑器窗口。
2. 启动 Visual Basic，新建一个“标准 EXE”工程，然后在集成开发环境中执行以下操作：
   （1）关闭工程资源管理器窗口，再打开工程资源管理器窗口。
   （2）单击属性窗口的标题栏然后进行拖动操作，再把属性窗口拖回原来位置。
   （3）将窗体设计器窗口最大化，再将其恢复成原状；关闭窗体设计器窗口，再将其显示出来。
   （4）在工程资源管理器中，使用“查看代码”和“查看对象”按钮在窗体设计器窗口与代码窗口之间进行切换。
   （5）运行当前工程，观察窗体在屏幕上的位置；结束运行，再在窗体布局窗口中

将窗体调整到屏幕中央位置，然后运行当前工程，观察窗体在屏幕上的位置。

（6）在窗体设计器窗口中，调整窗体的大小，运行工程，观察运行时窗体的大小。

（7）在窗体设计器窗口中，将窗体最大化，运行工程，观察运行时窗体的大小。

（8）保存所有文件，观察工程资源管理器窗口中文件保存前后表示方法的变化。

3. 设计并实现圆面积计算器，熟悉创建应用程序的步骤。注意，保存文件时，可先在D盘创建文件夹，然后把所有设计文件保存到该文件夹下。

【思路分析】本题练习创建应用程序的步骤和程序设计工具的使用方法。请注意文件的保存位置。

4. 在 Windows 下，复制圆面积计算器的所有设计文件。通过双击复制文件中的工程文件，设计并实现球面积计算器 （计算公式为 $S = 4\pi r^2$）。

【思路分析】与创建一个新的应用程序不同，本题练习修改应用程序的方法。

（1）修改界面设计。修改窗体标题和界面中的提示文字为“球面积”。

（2）修改程序设计。修改代码。

（3）调试运行后，保存所有文件。

【参考代码】

```
Private Sub Command1_Click()
    r = Val(Text1.Text)         '设文本框名为 Text1
    S = 4 * 3.14 * r * r
    Label3.Caption = S          '设标签名为 Label3
End Sub
```

1.3　常见错误与难点分析

1. 在 VB 集成环境中找不到工具箱、属性等窗口

打开“视图”菜单，单击相应的菜单项即可重新打开相应的工具窗口。如果工具窗口的位置不合适，先指向工具窗口的标题栏，然后用拖动操作来调整位置。VB 的工具都采用浮动的窗口。

2. 中英文标点符号混用的错误

除代码注释和带英文双引号的文字常量外，VB 程序代码中只允许使用英文标点符号，中文标点都会被系统认作“无效字符”，并报错。初学者尤其要注意分辨逗号、分号等相似的标点符号，中文标点较粗、英文标点较细。

3. 混淆形状相似的字母和数字以及单词拼写错误

输入代码时要注意区分数字“1”与小写英文字母“l”，数字“0”与大写英文字

母“O”。例如，初学者常常把标签控件对象名 Label1（读作 Label one）写错。同时，把 True 写成 Ture 也是很多人常犯的错误。

程序代码要求每一个单词都不能有差错，计算机不允许“笔误”。

4. 对象 Name 属性与 Caption 属性混淆

窗体 Form、标签控件 Label、命令按钮 Command Button 等都有 Name 属性和 Caption 属性，二者默认情况下的值都是控件对象的名字。但是，Name 属性值用于程序中唯一标识该控件对象（轻易不要乱改）；而 Caption 属性值是在界面上显示的内容（通常需要修改）。

5. 语句书写的位置发生错误

在 VB 中，“通用声明部分”除了使用 Dim 等进行变量声明或者 Option 语句外，任何其他语句都应该放在过程当中，否则程序运行时会报“无效外部过程”错误。若要对模块级变量进行初始化，一般把语句放在 Form_Load 事件过程中。

6. 界面设计时，无意间形成控件数组

若要在窗体上创建多个同类控件，多数人喜欢使用复制、粘贴的方法。在粘贴时，系统会提问“已经有一个控件为……。创建一个控件数组吗？”如果选择“是”，系统会将复制的控件与原始控件一起创建一个控件数组，控件数组的使用与普通控件有一定的区别（详见理论教材第 4 章）。对于初学者来说，选“否”比较恰当。

7. 打开工程时找不到相应的文件

用 VB 设计的应用程序是由多个文件组成的（至少两个，窗体文件.frm 和工程文件.vbp）。程序保存的一个好习惯是，为一个应用程序创建一个文件夹，把该应用程序的所有相关文件统统放进去。文件复制的时候以该文件夹为单位，就不怕文件丢失了。

8. 运行多个 VB 并编辑同一个工程

在 Windows 平台下，双击窗体文件或工程文件就能启动运行 VB；双击一次，则运行一次。这时，很难决定到底应该保存哪个 VB 中的文件（应该保存哪一个源文件），因此容易造成源文件数据丢失。

建议只启动运行一个 VB 系统。VB 本身可同时打开多个工程，没有必要运行多个 VB。

9. 无法找到刚保存的工程文件或其他源文件

由 Windows 的“开始”菜单启动 VB，然后用 VB 新建对话框中的“最新”选项卡可打开最近使用过的工程。打开工程后，把工程中的所有文件另存到一个容易查找的文件夹中。

10. 无法编辑界面元素和程序代码

只有当 VB 处于“设计”模式时，才能自由修改界面元素和程序代码。

请仔细检查 VB 当前的工作模式。可单击 VB 工具栏中的“结束”按钮，或者先按快捷键“Ctrl + Break”，然后再单击“结束”按钮。这两种方法都能切换 VB 到“设计”模式。

1.4 自 测 题 一

一、单选题

1. 学习和使用 Visual Basic 的目的是（　）。

A. 开发 Windows 应用程序　　B. 图像处理

C. 制作.wav 文件　　D. 文字处理

2. Visual Basic 是一种面向对象的程序设计语言，VB 中对象的三要素是（　）。

A. 属性、方法、事件　　B. 控件、属性、事件

C. 窗体、控件、过程　　D. 窗体、控件、模块

3. 一个对象可以执行的动作和可被对象识别的动作分别称为（　）。

A. 方法、事件　　B. 事件、方法

C. 方法、属性　　D. 事件、属性

4. 一只漂亮的酒杯被摔碎了，从对象的观点看“漂亮、酒杯、摔、碎”是（　）。

A. 对象、属性、事件、方法　　B. 对象、属性、方法、事件

C. 属性、对象、方法、事件　　D. 属性、对象、事件、方法

5. 与传统的程序设计语言相比较，Visual Basic 最突出的特点是（　）。

A. 结构化的程序设计　　B. 访问数据库

C. 面向对象的可视化编程　　D. 良好的中文支持

6. 在设计阶段，当双击窗体上的某个控件时，所打开的窗口是（　）。

A. 工程资源管理器窗口　　B. 窗体设计器箱窗

C. 代码编辑器窗口　　D. 属性窗口

7. 建立一个新的“标准 EXE”工程后，不在工具箱中出现的控件是（　）。

A. 单选按钮　　B. 图片框

C. 通用对话框　　D. 文本框

8. Visual Basic 程序设计不包括的文件类型是（　）。

A. .frm　　B. .prg

C. .bas　　D. .vbp

9. 以下叙述中错误的是（　）。

A. Visual Basic 是事件驱动型可视化编程工具

B. Visual Basic 应用程序不具有明显的开始和结束语句

C. Visual Basic 工具箱中的所有控件都具有宽度（Width）和高度（Height）属性

D. Visual Basic 中某些控件属性只能读取不能修改

10. 在 Visual Basic 代码编辑器中，要把光标移到当前行末尾，可以使用键盘上的键（　）。

A. Home　　B. End　　C. PgUp　　D. PgDn

11. 窗体二进制文件的扩展名是（　）。

A. .frm　　B. .frx　　C. .bas　　D. .vbp

12. 代码编辑器窗口中注释行使用的符号标注是（　）。

A. 单引号　　B. 双引号　　C. 斜线　　D. 星形号

13. Visual Basic 中对象可以识别和响应的某些行为称为（　）。

A. 属性　　B. 方法　　C. 继承　　D. 事件

14. 程序代码：Text1.Text = "Visual Basic"。其中，Text1，Text 和"Visual Basic"分别表示（　）。

A. 对象，值，属性　　B. 对象，方法，属性

C. 对象，属性，值　　D. 属性，对象，值

15. 保存一个工程至少应保存两个文件，这两个文件分别是（　）。

A. 文本文件和工程文件　　B. 窗体文件和工程文件

C. 窗体文件和标准模块文件　　D. 类模块文件和工程文件

16. 在窗体(名称为 Form1)上画一个名称为 Text1 的文本框和一个名称为 Command1 的命令按钮，然后编写一个事件过程。程序运行以后，如果在文本框中输入一个字符，则把命令按钮的标题设置为“VB 考试”。以下能实现上述操作的事件过程是（　）。

A.
```
Private Sub Text1_Change()
    Command1.Caption= "VB 考试"
End Sub
```

B.
```
Private Sub Command1_Click()
    Caption= "VB 考试"
End Sub
```

C.
```
Private Sub Form1_Click ()
    Text1.Caption= "VB 考试"
End Sub
```

D.
```
Private Sub Command1_Click()
    Text1.Text= "VB 考试"
End Sub
```

17. 若 Visual Basic 集成开发环境中没显示工程管理器窗口，显示该窗口的方法是（　）。

A. 用“文件”菜单命令　　B. 用“编辑”菜单命令

C. 用“视图”菜单命令　　D. 用“工程”菜单命令

18. 工具箱中已有 20 种标准控件类，还可以通过（　）为当前工程添加控件类。

A. 执行“文件”菜单中的“添加工程”命令

B. 执行“工程”菜单中的“部件”命令

C. 在工具箱处执行其快捷菜单中的“添加选项卡”命令

D. 执行“工程”菜单中的“添加窗体”命令

19. 关闭 Visual Basic 系统之后，在 Windows 系统中打开并编辑工程的方法是(　　)。

A. 双击窗体文件　　B. 双击工程文件

C. 用 Word 编辑工程文件　　D. 用记事本编辑工程文件

20. 在 Visual Basic 集成开发环境中，编辑窗体模块代码不需要（　　）。

A. 先创建相应的窗体文件　　B. VB 处于设计（或调试）模式

C. 代码编辑器窗口处于激活状态　　D. 先保存相应的窗体文件

二、填空题

1. Visual Basic 主要用于开发__________环境下的应用程序，其三种工作模式是设计、运行和__________。

2. Visual Basic 采用的是__________驱动的运行机制。

3. Visual Basic 的可编程对象有窗体、________和外部对象。

4. 对象是________和__________封装起来的一个整体。

5. 一只白色的足球被踢进球门。用面向对象的观点看，白色、足球、踢、进球门分别为______、________、________、________。

6. Visual Basic 程序设计语言中，响应对象的外部动作称为______，而对象可以执行的动作或对象本身的行为称为________。

7. 利用 Visual Basic 创建“标准 EXE”应用程序的步骤包括：________________。

8. 多窗体程序由多个窗体组成。在缺省情况下，VB 在应用程序执行时，总是把________指定为启动对象。

9. 程序运行时，窗体显示为用户可进行交互操作的________；从数据输入和输出方面看，文本框常用于________，标签常用于________。

10. 如果窗体作为启动对象，启动后用户单击（Click）窗体，然后立即关闭窗体，则执行的事件过程依次为____________________________________。

三、上机操作题

1. 编写程序，在窗体上用标签控件显示“Visual Basic 易学易用!”。

2. 编写程序，在窗体上用标签控件显示“Visual Basic 易学易用!”，同时该文字始终位于水平和垂直方向的中央。

3. 编写程序。程序运行时，用户能在文本框中输入半径后，程序能计算并显示圆的面积、球的面积和球的体积。

第 2 章　VB 语言基础

2.1　学 习 目 标

【了解】

1. VB 的基本字符和关键字。
2. 自定义标识符（常量、变量、控件名、过程名、函数名等）的命名规则。
3. 变量隐式声明与显式声明的作用，各种类型变量和存储空间的占用。
4. 不同类型变量之间的自动转换规则。
5. 数值间的逻辑运算规则。

【理解】

1. VB 标准数据类型（数值类型、逻辑类型、字符串类型、日期类型和变体类型）的意义、取值范围和默认初值。
2. 变量声明语句的用法，变量作用范围的概念。
3. 算术运算符、字符运算符、关系运算符和常用逻辑运算符的用法和优先顺序。
4. 数值表达式的计算方法，关系运算与逻辑运算，字符串连接运算。

【掌握】

1. 根据数学表达式和自然语言描述，写出合法的 VB 算术表达式、关系表达式和逻辑表达式。
2. 写出正确的变量声明语句、赋值语句和输出语句。

2.2　习 题 解 答

一、简答题

1. 参见教材表 2.1。
2. 单精度型（Single）。
3. 命名规则详见教材 2.2 节的第一部分。

   变量（以 Dim 为例）：Dim <变量名> [As <类型>]

   常量：Const <常量名> [As <数据类型>]=<表达式>
4. 使用 Dim 声明的变量的值在过程结束后会被消除，而使用 Static 声明的变量在过程结束后其值会被保留。

5. 共有四类运算符，它们间的优先级为算术运算符 > 字符运算符 > 关系运算符 > 逻辑运算符。

6.（1）将数字字符串转换成数值：Val()。

（2）将小数转换成整数：Int()、Fix()、Round()。

（3）取字符串中的某几个字符：Mid()、Left()、Rigth()。

（4）实现大小写字母间的转换：Ucase()、Lcase()。

7.（1）赋值号左边不能为常量。

（2）赋值号左边不能是算术表达式。

（3）不允许在同一个赋值语句中为多个变量赋值。

8. 应使用 Round 函数，输出语句为 Print Round（X,2），Round（Y,2），两个 Round 函数间的分隔符也可以使用分号。

9.（1）((x – x0）^2 +（y – y0）^2）^0.5

（2）(–b + Sqr（b ^ 2 – 4 * a * c))/(2 * a）和（–b – Sqr（b ^ 2 – 4 * a * c))/(2 * a)

（3）a <> 0 或者 a > 0 Or a < 0

（4）b ^ 2 – 4 * a * c > 0

（5）x >= 10 And x < 20

（6）x Mod 2 = 1 或者 x / 2 <> x \ 2

（7）ch >= "A" And ch <= "Z"

（8）ch >= "A" And ch <= "Z" Or ch >= "a" And ch <= "z" 或者

UCase（ch） >= "A" And UCase（ch） <= "Z"

（9）Int((300 – 100） * Rnd + 1）+ 100

（10）个位：x Mod 10　　十位：（x \ 10） Mod 10　　百位：（x \ 100） Mod 10

10.（1）188

（2）"200100"

（3）68.56

（4）9

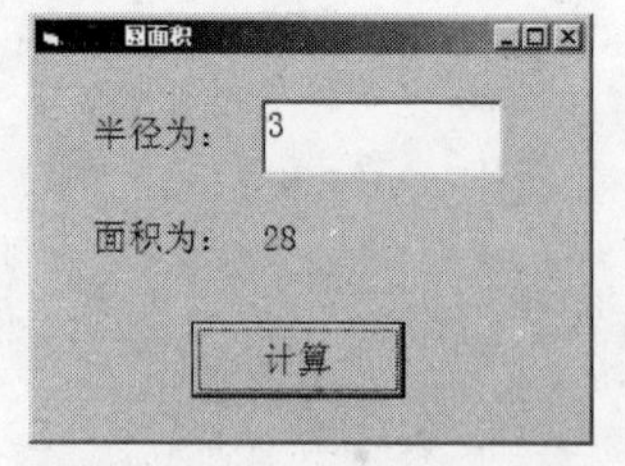

图 2.1　计算圆面积

二、上机练习题

1. 输入半径，单击计算按钮，可在标签中显示圆面积，界面如图 2.1 所示。保存窗体文件名为 201.frm，工程文件为 201.vbp。

【思路分析】

本题中需要添加 3 个 Label 标签，1 个 Text 文本框以及 1 个 Command 命令按钮。

要求单击按钮时计算出结果，显示在标签中，则运算代码应放在按钮的 Click 事件中，并将运算结果赋值给标签的 Caption 属性。

【参考代码】

```
Private Sub Command1_Click()        'Command1 为计算按钮
    Dim r As Integer, s As Integer
    Const pi = 3.1415926
    r = Text1.Text
    s = r ^ 2 * pi
    Label3.Caption = s              'Label3 为显示结果的标签
End Sub
```

2. 编一个华氏温度与摄氏温度之间转换的程序，界面如图 2.2 所示。保存窗体文件名为 202.frm，工程文件为 202.vbp。

提示　换算公式 $F = (C \times 9/5) + 32$，$C = (F-32) \times 5/9$，式中 F 表示华氏温度，C 表示摄氏温度。

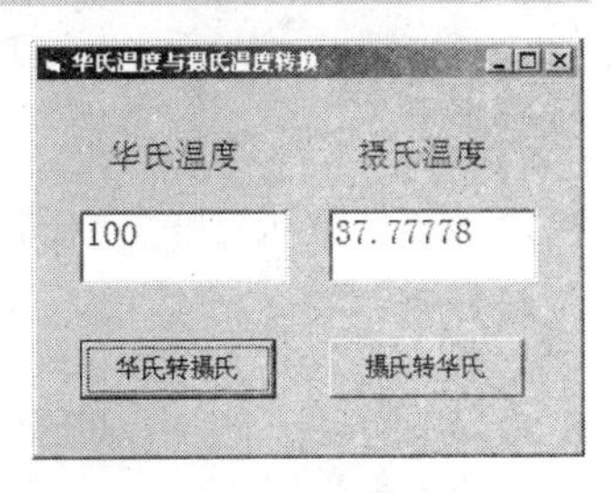

图 2.2　华氏温度与摄氏温度的转换

【思路分析】

本题中需要添加 2 个 Label 标签，2 个 Text 文本框以及 2 个 Command 命令按钮。

运算代码应分别放在两个按钮的 Click 事件中，运算结果应用赋值语句的方式显示在 Text 文本框中。文本框中的数据默认为字符串类型，从中获取值时应注意将数据类型转换为数值类型。

【参考代码】略。

3. 新建 VB 应用程序，界面设计如图 2.3 所示。单击“日期转换”命令按钮，实现日期格式的替换（输入日期的格式为 XXXX-XX-XX）。保存窗体文件名为 203.frm，工程文件为 203.vbp。

图 2.3　日期格式的转换

【思路分析】

实现本题要求有多种方式，这里采用字符串截取的方式来予以实现。可以分别通过 Left、Mid 和 Right 函数将日期中的数字部分截取出来，然后再用字符连接符重新进行拼接。

【参考代码】

```
Private Sub Command1_Click()
    a = Left(Text1, 4)
    b = Mid(Text1, 6, 2)
    c = Right(Text1, 2)
```

```
    Text2 = a & "年" & b & "月" & c & "日"
End Sub
```

4. 新建 VB 应用程序，界面设计如图 2.4 所示。在文本框中输入三位正整数，单击“逆序”命令按钮，实现数字的逆序。保存窗体文件名为 204.frm，工程文件为 204.vbp。

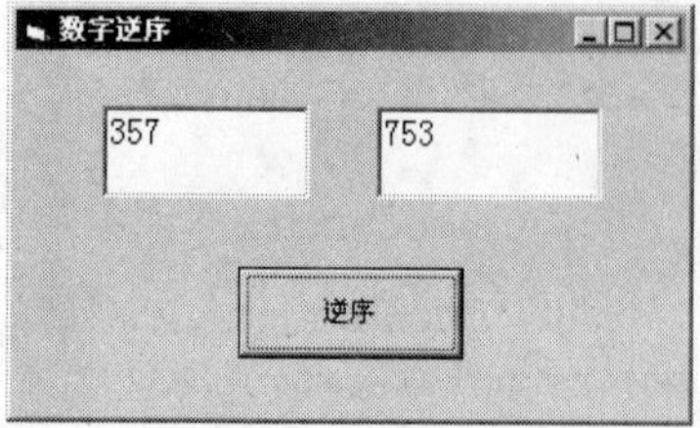

图 2.4　三位数逆序

【思路分析】

由于本题中只针对三位数的逆序，也可以采用逐个提取字符的方式实现，提取字符可以采用 Mid 等字符串函数，也可以用运算的方式，例如，获得某个三位数 X 的百位可以使用运算 X\100。

【参考代码】略。

5. 新建 VB 应用程序，界面设计如图 2.5 所示。单击“判断”命令按钮，判断某个正整数是否为 2、3、5、7 的倍数。保存窗体文件名为 205.frm，工程文件为 205.vbp。

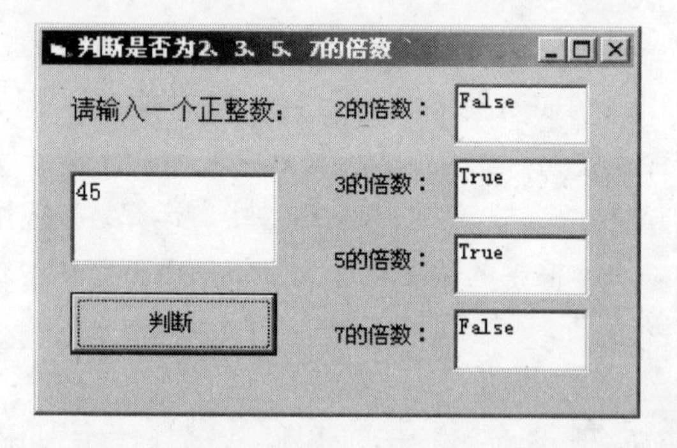

图 2.5　判断是否为 2、3、5、7 的倍数

【思路分析】

本题主要考察的是算数运算符、逻辑运算符与赋值语句的结合使用。请注意逻辑运算符中的“=”与赋值语句中的“=”的区别。

【参考代码】

```
Private Sub Command1_Click()
    Dim a As Integer
    a = Text1
    Text2 = a Mod 2 = 0
    Text3 = a / 3 = a \ 3
    Text4 = a Mod 5 = 0
    Text5 = a Mod 7 = 0
End Sub
```

2.3　常见错误与难点分析

1. 常量变量声明与使用中的常见错误

1）Dim Sqr As Integer

使用时应注意，Sqr 是函数名，不要作为变量名，虽然语法上没有错误，但是 Sqr 函数在此处将会无效。

2）Dim va As String, n As Integer

```
n = 100
va = "n 的值为： " + n
```

错误　在对有数值类型的数据进行字符串连接时，应使用“&”连接符或先使用 Str（n）将数值 n 转变为字符类型，否则此处“+”将作为算术运算符进行运算。然而加法运算要求运算符两边的操作数都是数值型或者可以自动转化为数值型，否则会报“类型不匹配”的错误。

3）声明 3 个整型变量：Dim a, b, c As Integer

在使用一个 Dim 声明多个变量时，一定要注意在每个变量名后都添加类型关键字，在此语句中 a, b 被定义为变体型变量。

4）求圆面积 s = π* r ^2

在 VB 中不能使用字符“π”作为圆周率，应使用直接常量 3.1415926 或者自定义常量（如 Const pi = 3.1415926）来表示圆周率，在此语句中 VB 只会把“π”作为一个没有值的变量而已。

2. 数学表达式的书写错误

初学者在把数学表达式如 5≤x<10 写成 VB 表达式时，容易写成

```
5<=x<10
```

此语句没有语法错误，程序也能正常运行，但不管 x 取值为多少，表达式的值永远都为 True。

因为此表达式实际上是由两个关系运算符将三个数值连接起来进行运算的，按照从左到右的运算顺序，会先计算 5<=x，其可能的取值为 True（转变为数值时为–1）或者为 False（转变为数值时为 0），而不管是–1 还是 0，与数值 10 比较的结果总是小于，所以 5<=x<10 的结果始终为 True。

在 VB 中如果要正确的表达 5≤x<10，应为 5 <= x And x < 10。

3. 在同一个赋值语句中为多个变量赋值

例如，对三个整形变量赋值

x = y = z = 10

VB 中规定在一条赋值语句中只能给一个变量赋值，此语句虽然没有语法错误，但是运行后 x、y、z 的值均为 0。

原因是此语句中的 3 个“=”号有不同的含义，其中最左边的表示赋值号，右边两个表示关系运算符。因此，此语句执行时，会先判断 y 是否等于 z，由于在 VB 中默认数值变量的初值都为 0，所以 y=z 的结果为 True，接下来判断 True=10，结果为 False，所以最后将 False（0）赋值给 x。

4. 关键字输入错误

VB 内设了大量的关键字，如控件名、属性名、函数名等，在书写时经常会出现因拼写错误造成程序报错或运行异常的情况。

如何判断关键字输入是否有错，最简便的方法是书写语句时全部用小写字母，语句写完后按 Enter 键或者将光标定位到其他语句处，VB 会自动把能识别的关键字的首字母转换成大写形式，没有转换的即为错误的名称。

5. 局部变量与窗体级变量的问题

在本章中使用的变量一般都是在过程内部声明的，其值只能在声明它的过程中使用，称为局部变量。

但有些情况下，需要在多个过程中用到同一个变量，例如，在某过程中对变量赋值，在另一过程中将变量的值输出，此时需要将变量放在窗体中所有代码的最前面，即“通用声明”段进行声明，称为窗体级变量。

例如：

```
Dim a As String
Private Sub Command1_Click()
    a = Left(Text1, 4)
End Sub
Private Sub Command2_Click()
    Text2 = a
End Sub
```

窗体级变量的有关概念将在第 5 章过程中详细介绍。

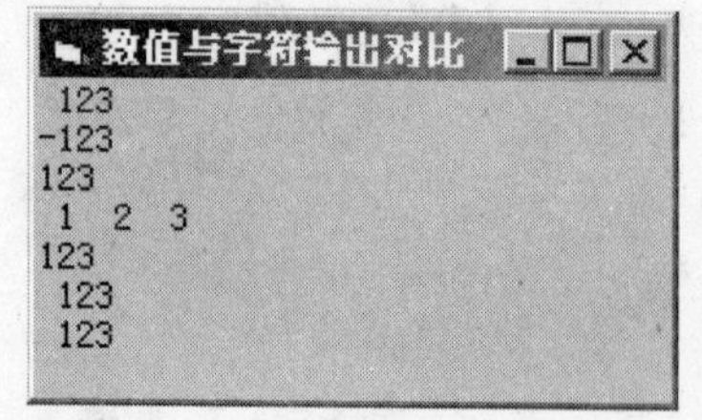

图 2.6　数值与字符输出对比

6. Print 方法输出数值与字符时的区别问题

在程序设计中经常要使用 Print 语句将运算结果或者相关信息输出到窗体上，但是在输出数值与字符时的格式并不相同。

例如，以下程序段在窗体上进行了输出，运行效果如图 2.6 所示。

```
Private Sub Form_Click()
    Print 123              '输出正数时前面默认留一个空格，表示符号位
    Print -123             '输出负数时前面不留空格，与正数对齐
    Print "123"            '输出字符时不留空格
    Print 1; 2; 3          '同排输出多个数值时，数值间默认留一个空格
    Print "1"; "2"; "3"    '同排输出多个字符时中间不留空格
    Print Val（"123"）     '将字符转换为数值后输出与输出数值一样，在
                           前面留一个空格
    Print Str（123）       '将数值转换为字符时，还是会保留前面的空格
End Sub
```

7. *在 Form_Load 事件中，Print 方法不起作用*

Form_Load 事件在窗体被装入内存时触发，此时无法同步调用 Print 方法在窗体上输出内容。如需要在程序启动时在窗体上进行输出，可采用以下方法：

（1）在属性窗口将窗体 AutoReDraw 属性设置为 True（默认为 False）。

（2）在 Form_Activate 事件中使用 Print 方法。

2.4　自 测 题 二

一、单选题

1. 在 VB 中，以下变量类型表示数值范围最大的是（　　）。
   A. 长整型 Long　　B. 整型 Integer
   C. 单精度型 Single　　D. 字节型 Byte
2. 在 VB 中，若一个变量在引用前未被声明，则该变量的类型为（　　）。
   A. 长整型 Long　　B. 整型 Integer
   C. 单精度型 String　　D. 变体型 Variant
3. Integer 类型的变量可保存的最大整数是（　　）。
   A. 255　　B. 256　　C. 32767　　D. 32768
4. 下面（　　）不是字符串常量。
   A. "你好"　　B. "　"　　C. "True"　　D. #False#
5. 下列符号常量的声明中，（　　）是不合法的。
   A. Const a As Single = 1.1　　B. Const a As Integer = "12"
   C. Const a As Double = Sin（1）　　D. Const a = "OK"
6. VB 中表示回车换行的符号常量是（　　）。
   A. VBRed　　B. vbCrLf　　C. VBrgb　　D. VBcolor
7. 下面各项中合法的 VB 标识符是（　　）。
   A. a123　　B. 123a　　C. a12-1　　D. a+b

8. 要强制显示声明变量，可在窗体模块或标准模块的声明段中加入语句（　　）。
   A. Option Base 0　　B. Option Explicit
   C. Option Base 1　　D. Option Compare
9. 在 VB 中，对于没有赋值的字符串变量，系统默认的值是（　　）。
   A. 0　　B. ""（长度为 0）　　C. "0"　　D. " "（空格，长度为 1）
10. 假设 A=3，B=7，C=2，则表达式 A>B Or B > C 的值是（　　）。
   A. True　　B. False　　C. 表达式有错　　D. 不确定
11. 表达式 Int（8*Sqr（36）*10 ^（–2）*10+0.5）/10 的值是（　　）。
   A. 0.48　　B. 0.048　　C. 0.5　　D. 0.05
12. 执行 A = 55 + "11" 后，A 的值为（　　）。
   A. 5511（数值）　　B. 66（数值）
   C. "55+11"（字符串）　　D. "5511"（字符串）
13. 设 X 为整型变量，不能正确表示逻辑关系 1<X<5 的 VB 逻辑表达式是（　　）。
   A. 1<X<5　　B. X=2 Or X=3 Or X=4
   C. X>1 And X<5　　D. Not（X<=1）And Not（X>=5）
14. 在窗体代码窗口中的通用（General）段用 Dim 语句定义一个变量，则（　　）。
   A. 该变量只在本窗体的通用（General）段中有效
   B. 该变量在本窗体中的所有函数或过程中都有效
   C. 该变量在本窗体和其他模块中的所有函数或过程中有效
   D. 该变量在本工程中的所有函数或过程中都有效
15. 下列达式中数值最小的为（　　）。
   A. –18/5　　B. –Int（18/5）　　C. Int（–18/5）　　D. Fix（–18/5）
16. 对变量 A 四舍五入，且保留 2 位小数的表达式为（　　）。
   A. Int （A+0.5）*100/100　　B. Int （A * 100+0.5）/100
   C. Int （A * 100）/100+0.5　　D. Int （(A+0.5） *100）/100
17. 执行语句：A="4" & "2" 后，A 的值为（　　）。
   A. 42　　B. 6　　C. "4+2"　　D. "42"
18. 如要读出文本框 Text1 上显示的字符串，正确的语句是（　　）。
   A. X = Text1.Name　　B. X = Text1.Tag
   C. X = Textl.Text　　D. X = Textl.Font
19. 语句 s = s + 1 的正确含义是（　　）。
   A. 变量 s 的值与 s+1 的值相等　　B. 将变量 s 的值存到 s+1 中去
   C. 将变量 s 的值加 1 后赋给变量 s　　D. 变量 s 的值为 1
20. 下列关于 Visual Basic 程序语法规则的叙述中正确的是（　　）。
   A. 一个程序代码行只能写一条语句
   B. 用 Print 输出多个数据项时，可以使用冒号“:”作为数据项之间的分隔符

C. 赋值语句结束时，可以使用分号或逗号作为结束符

D. 字符型数据常量必须使用英文双撇号作为定界符，而不能使用中文双引号

21. 语句 Print "Sqr（16）="; Sqr（16）的输出结果为（　　）。

A. Sqr（16）= Sqr（16）　　B. Sqr（16）= 4

C. "4="4　　D. 4 = Sqr（16）

22. 执行 Print Int（12.34567 * 1000）/ 1000 后，显示的结果为（　　）。

A. 12.000　　B. 12.34　　C. 12.345　　D. 12.3456

23. 数学式 Sin25°写成 VB 表达式是（　　）。

A. Sin 25　　B. Sin（25）　　C. Sin（25°）　　D. Sin（25 * 3.14/180）

24. 数学表达式 $\text{Sin}^2(a+b)+5e^2$ 的 VB 程序表达式是（　　）。

A. Sin（a+b）^ 2 + 5 * Exp（2）　　B. Sin ^ 2 （a+b）+ 5 * Exp（2）

C. Sin（a+b）^ 2 + 5 * Log（2）　　D. Sin ^ 2（a+b）+ 5 * Log（2）

25. 函数表达式 String（2, "ChongQing"）的返回值是（　　）。

A. "CQ"　　B. "ChongQing"

C. "CC"　　D. "ChongQingChongQing"

26. X 是一个数值变量，下列函数表达式中要求 X 的值必须为正的是（　　）。

A. Sgn（X）　　B. Sqr（X）　　C. Abs（X）　　D. Sin（X）

27. 表达式 Left（"how are you",3） 的值是（　　）。

A. "how"　　B. "are"　　C. "you"　　D. "how are you"

28. 函数表达式 Val（"16 Hour"） 的值为（　　）。

A. 1　　B. 16　　C. 160　　D. 960

29. 产生[10，37]的随机整数的 Visual Basic 表达式是（　　）。

A. Int（Rnd * 27）+ 10　　B. Int（Rnd * 28）+ 10

C. Int（Rnd * 27）+ 11　　D. Int（Rnd * 28）+ 11

30. 执行下面的代码，表述正确的是（　　）。

```
Dim a As Integer
a = Rnd * 75
Print a
```

A. a 的值始终介于 0 到 75 之间，但不能是 75

B. a 的值始终介于 0 到 75 之间，但不能是 75 和 0

C. a 的值始终介于 0 到 75 之间，但不能是 0

D. a 的值始终介于 0 到 75 之间，包含 0 和 75

二、多选题

1. 下列数据类型的变量所占存储空间大于 2 个字节的有（　　）。

A. Integer　　B. Single　　C. Boolean　　D. Double　　E. Date

2. 执行语句 Dim today As Date 之后，能向变量 today 正确赋以日期值的语句有（　　）。
   A. today = #2009 年 4 月 25 日#　　B. today = #2009-4-25#
   C. today = #2009/4/25#　　D. today = #2009.4.25 #
   E. today = 2009-4-25
3. 当 m 能被 n 整除时，下列逻辑判断式值为 True 的有（　　）。
   A. m Mod n = 0　　B. m \ n = 0　　C. m / n = 0
   D. m / n = m \ n　　E. m / n = Int（m / n）
4. 要交换变量 A、B 的值，正确的语句行是（　　）。
   A. C=B:B=A:C=A　　B. C=A:A=B:B=C　　C. C=A+B:A=C–A:B=C–A
   D. C=B:B=A:A=C　　E. C=A:B=A:A=B
5. 绝对值小于 4 的表达式有（　　）。
   A. 7\2　　B. –7\2　　C. Int（7/2）　　D. Int（–7/2）　　E. Fix（–7/2）
6. 设变量 x 是一个大于 0 的小数，下列函数表达式能将其四舍五入取整的是（　　）。
   A. Int（x）　　B. Int（x + 0.5）　　C. Fix（x）
   D. Fix（x + 0.5）　　E. Round（x）
7. 以下函数表达式中，返回值为数值类型的有（　　）。
   A. Year（Now）　　B. Month（Now）　　C. Day（Now）
   D. Weekday（Now）　　E. Hour（Now）
8. 下列 VB 函数中，返回值为字符串的有（　　）。
   A. Len（"BASIC"）　　B. Str（–26.3）　　C. Left（"1234",2）
   D. Val（"16 Year"）　　E. Chr（65）
9. 产生一个大于或等于 1 且小于或等于 6 的随机整数的表达式有（　　）。
   A. 1+Int（（6–1）* Rnd +1）　　B. Int（6 * Rnd）
   C. Int（（6+1）* Rnd +1）　　D. 1+Int（6 * Rnd）　　E. Int（6 * Rnd +1）
10. 能从字符串 A="THIS IS BOOK" 中得到子字符串 "IS" 的语句有（　　）。
   A. Right（Left（A，7），2）　　B. Mid（A，6，2）C. Mid （A，6）
   D. Left（Right（A，7），2）　　E. Mid（Left（A，7），6）
11. 已知字符串变量 S1 的值为一个小写字母，以下表达式能将小写字母变成大写字母的有（　　）。
   A. Val（S1）　　B. LCase（S1）　　C. UCase（S1）
   D. Chr（Asc（S1）– 32）　　E. Chr（Asc（S1）+ Asc（"A"）– Asc（"a"））
12. 在文本框 Text1 中输入字符，将输入的字符转换成大写显示在标签（Lable1）中，下列语句正确的有（　　）。
   A. Label1=UCase（Text1）　　B. Text1=UCase（Label1）

C. s=Text1.text
   Label1.Caption= UCase（s）

D. Text1.text = s
   Label1.Caption= UCase（s）

E. Label1.Caption= UCase（s）
   s=Text1.text

三、判断题

1. 已经声明，但未经赋值的字符串变量的初值为长度为 1 的空格。(　　)
2. 执行语句 Dim a, b, c As Integer 后，可将变量 a、b、c 的数据类型都设置成整型。(　　)
3. 执行语句 X = Y = 5 后，变量 X 与 Y 的值均为 5。(　　)
4. 语句 Const X =2.55 将变量 X 的值定义为 2.55。(　　)
5. 命题“a 和 b 中至少有一个大于 c”的逻辑表达式为：a>c And b>c。(　　)
6. 在 VB 中，运算优先级从高到低的顺序是：算术运算→关系运算→逻辑运算。(　　)
7. 在算术表达式中，“\”运算符与“*”、“/”运算符具有相同的优先级。(　　)
8. 若在引用 Rnd 函数之前，先使用 Randomize 语句进行初始化，则总是获得相同的随机数序列。(　　)
9. 在窗体过程中，未经声明而直接引用的变量，只在本过程中有效。(　　)
10. 静态变量（Static）是在过程内部声明的局部变量，当该过程再次被执行时，静态变量的初值是上一次过程调用后的值。(　　)
11. 函数表达式 Trim（string1）可以删除字符串变量 string1 中包含的所有空格。(　　)
12. Visual Basic 提供的 Val()函数，无论括号内的字符串类型参数为任何值，都能返回一个数值。(　　)

四、程序阅读题

1. 程序运行时，单击窗体，则输出结果是（　　）。

```
Private Sub Form_Click()
    Dim a As String, b As String
    a = "123": b = "456"
    C = Val(a) + Val(b)
    Print C \ 100
End Sub
```

A. 123　　B. 5　　C. 3　　D. 579

2. 运行下述程序，连续三次单击命令按钮 Command1，窗体上最后输出的结果是(　　)。

```
Private Sub Command1_Click()
    Dim a As Integer
    Static b As Integer
    a = a + b
```

```
    b = b + 4
    Print a, b
End Sub
```

A. 0　12　　B. 4　12　　C. 8　12　　D. 12　12

3. 运行下面程序，单击窗体，在窗口上显示的结果为（　　）。

```
Private Sub Form_Click()
    A = 3 : B = 5
    C = A : A = B : B = C
    Print A; B; C
End Sub
```

A. 5　3　3　　B. 3　5　5　　C. 3　5　3　　D. 5　3　5

4. 下列程序段执行后，窗体上显示输出的结果为（　　）。

```
Private Sub Form_Click()
    Dim a, b, c
    a = 5:   b = 7:   c = a = b
    Print c
End Sub
```

A. 5　　B. 7　　C. 0　　D. False

5. 运行下述程序，连续 4 次单击命令按钮 Command1 之后，单击 Command2，这时窗体上输出的结果为（　　）。

```
Private Sub Command1_Click()
    Dim i As Integer
    i = i + 5
End Sub
Private Sub Command2_Click()
    Print i
End Sub
```

A. 0　　B. 5　　C. 20　　D. 无输出

第3章　程 序 结 构

3.1　学 习 目 标

【了解】

1. 赋值语句中数据供体与数据受体之间类型不一致时的处理规则。
2. Print 语句中的输出格式设置（Format 的用法）。
3. IIf、Choose 函数的用法。
4. 循环退出语句 Exit For、Exit Do 的应用。
5. Print 语句的应用范围。
6. 程序流程框图的概念描述。

【理解】

1. 赋值语句和顺序执行语句的概念。
2. Print 语句中逗号、分号分界符、Tab 函数的作用以及输出换行的实现。
3. 程序的选择控制（分支）结构、块结构条件语句和单行结构条件语句的用法。
4. 多分支语句程序结构的设计方法，Select Case 语句中条件表达式的多种设置方法。
5. 循环结构的设置方法，循环语句（Do…Loop、While…Wend、For…Next）的构成及功能。

【掌握】

1. 根据自然语言的问题描述，选择控制语句中条件表达式的设置方法。
2. 根据算法要求选择适当的分支结构和循环结构，写出相应的程序。

3.2　习 题 解 答

一、简答题

1. 参见理论教材 3.1.1 节和 3.1.2 节。
2.

```
n = 123.456
Print Round(n, 2)
Print Int((n + 0.005)* 100) / 100
Print Fix((n + 0.005) * 100) / 100
```

```
Print Format(n, "0.00")
Print Val(Left(n + 0.005, InStr(n, ".") + 2))
```

3.（1）赋值语句左边不能是表达式　（6）关系运算符应写成>=
（2）平方根函数参数不能为负数　（7）关系运算表达式应写成 x>=60 And x<70
（3）平方根函数参数不能为负数　（8）逻辑错误，没有数会满足该条件
（4）加号两边操作数不匹配　（9）简单 If 应该省略 End If
（5）除数不能为 0　（10）Then 和 Else 后面的代码应换行书写

4. 嵌套层数过多会影响程序代码的可读性，多分支结构的程序更清晰一些。
Select Case 语句与 If…Then…ElseIf 语句最大的区别在于，Select Case 结构每次只需要在开始处计算表达式的值，而 If…Then…ElseIf 结构为每个 ElseIf 语句计算不同的表达式。只有在 If 语句和每一个 ElseIf 语句计算相同表达式时，才能用 Select Case 结构替换 If…Then…ElseIf 结构。

5.（1）6　（2）19　（3）19　（4）170　（5）0
（6）1　（7）3　（8）10　（9）15

6. 参见本章 3.3 节“常见错误与难点分析”第 4 条。

7.（1）
```
greater = Iif(x > y, x, y)
```
（2）
```
smallest = Iif(x < y, Iif(x < z, x, z), Iif(y < z, y, z))
```
（3）
```
today = Choose(x + 1, "Sunday", "Monday", "Tuesday", "Wednesday", "Thursday", "Friday", "Saturday")
```
（4）
```
score = Iif(score = 100, 5, Iif(Int(score / 10) – 3.1 > 1, Int(score / 10)– 3.1, 1))
grade = Choose(score, "不及格", "及格", "中", "良", "优")
```

8. 参见理论教材 3.3.2 节。

二、上机练习题

1. 请编写一个模拟彩票程序，要求如下：
（1）计算机生成一个 0~9 的随机整数做为中奖号码，存放在一个变量里面；
（2）用户单击窗体弹出一个输入框，输入要购买的彩票的号码，界面如图 3.1 所示。

图 3.1　购买彩票的界面

（3）如果输入号码与中奖号码相同，弹出消息框“恭喜中奖！”否则，弹出“谢谢参与！”，如图 3.2 所示。

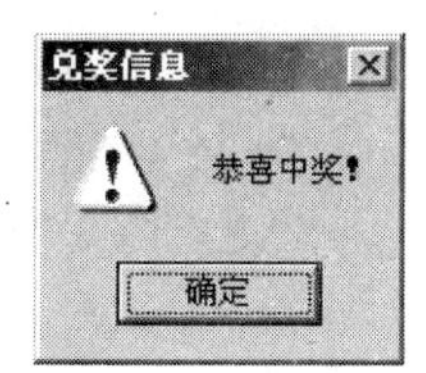

图 3.2　兑奖信息的界面

【思路分析】

本题主要考查的知识点包括随机函数的应用、输入框函数 InputBox()的应用和消息框函数 MsgBox()的应用，以及选择结构 If 语句的应用。

几个值得注意的地方：

- 随机数取值范围[0,9]，两边都是闭区间；
- InputBox()函数中提示语句有换行，换行符为“vbCrlf “；
- MsgBox()函数上的图标参数，参见教材表 3.1。

【参考代码】

```
Private Sub Form_Click()
    Dim num As Integer, n As Integer
    Randomize
    n = Int(Rnd * 10)
    num = Val(InputBox("请输入您要购买的彩票号码：" & vbCrLf & "(0-9)",
    "购买彩票", 0))
    If n = num Then
        MsgBox "恭喜中奖！", vbExclamation, "兑奖信息"
    Else
        MsgBox "谢谢参与！", vbCritical, "兑奖信息"
    End If
End Sub
```

2. 请编写一个求解一元二次方程的根的程序，界面如图 3.3 所示。

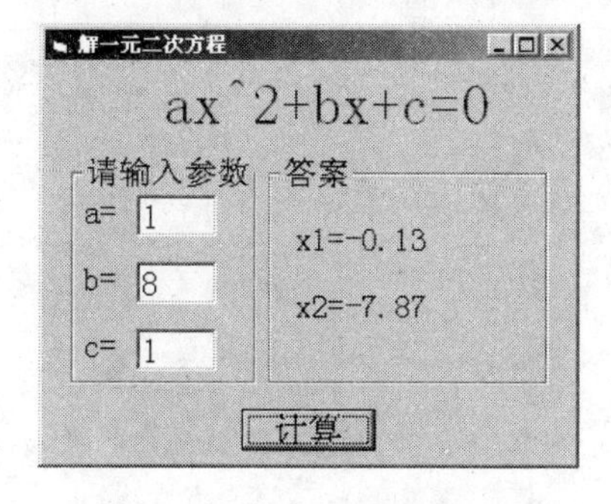

图 3.3　一元二次方程求根程序

【思路分析】

一元二次方程的求根公式为 x=(-b ± sqr(b^2-4*a*c))/(2*a)，应先求出 b^2-4*a*c 的值，再使用 If 语句根据其正负，分别求出两实根或者两虚根。其中，虚根是由实部和虚部两部分组成的字符串：-b/(2*a)&"±"& sqr(b^2-4*a*c)/(2*a) & "i"。最后，注意结果保留两位小数。

【参考代码】略。

3. 请编写程序，实现一个自动生成四则运算表达式（操作数均为 100 以内的正整数），并自动判断答案是否正确的程序，界面如图 3.4 所示。

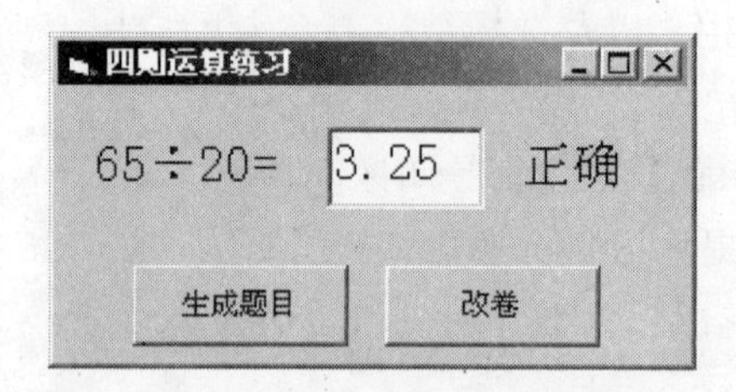

图 3.4 四则运算练习程序

【思路分析】

生成运算表达式的过程是一个生成随机数的过程，两个操作数加上操作符，一共需要 3 个随机数。操作数取值范围毫无疑问是[1，100]。操作符范围可以是[1，4]，然后将这 4 个数字转化为对应的四则运算符。这种转化可以用 If 语句或者 Select Case 语句实现，但 Choose()函数无疑是最简便的。

判断对错时，首先使用 Select Case 语句算出算式的标准答案，然后与 Text1 中用户输入的答案进行比较，就可以判断用户的计算是否正确了。

【参考代码】

```
Dim op As Integer, a As Integer, b As Integer, c As Single
Private Sub Command1_Click()
    Randomize
    op = Int(Rnd * 4 + 1)
    a = Int(Rnd * 100)
    b = Int(Rnd * 99 + 1)
    Label1 = a & Choose(op, " + ", " − ", " × ", " ÷ ") & b & " = "
End Sub
Private Sub Command2_Click()
    If Text1 = "" Then
            MsgBox "请输入答案！ "
    Else
            Select Case op
```

```
                Case 1
                    c = a + b
                Case 2
                    c = a - b
                Case 3
                    c = a * b
                Case 4
                    c = Round(a / b, 2)
            End Select
            If Val(Text1) = c Then Label2 = "正确" Else Label2 = "错误"
        End If
End Sub
```

4. 统计 1~500 既能被 5 整除，又能被 7 整除的数字个数并求和，在窗体上显示效果如图 3.5 所示。

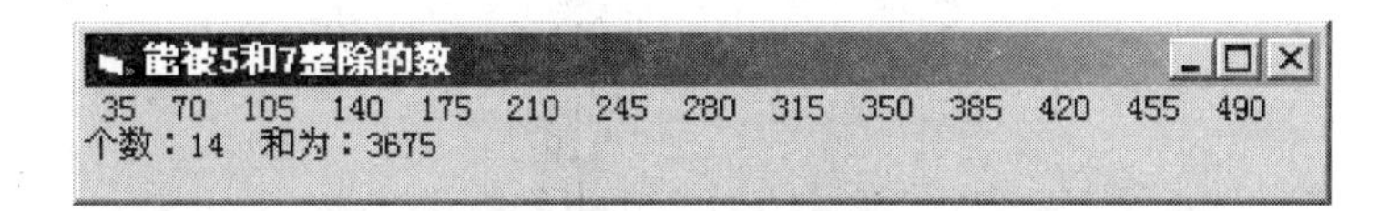

图 3.5　数字求和

【思路分析】

这是一个典型的利用 For…Next 循环结构的自变量特性习题。只需要让自变量从 1 到 500 依次变化，再用 If 语句一个一个检验是否符合条件，对于符合条件的数则在窗体上显示，并进行计数和累加操作。

- 计数器代码：`n = n + 1`
- 累加器代码：`sum = sum + i`

【参考代码】略。

5. 所谓水仙花数，指的是这样一个 3 位数：该数的值恰好等于其各位数的立方和，例如，153=1^3+5^3+3^3。编写程序，求出所有水仙花数。

【思路分析】

本题思路与第 4 题类似，都是利用循环结构把所有可能的数都拿出来，再依次检验是否符合条件。只是本题检验的方法稍微复杂一点，要把所有三位数的百位、十位和个位拆分开来计算其立方和。

拆分的方法其实非常多，可以使用不同的数学运算符，也可以使用函数，甚至可以不用拆分的方法。读者不妨试一试，用三个一位数来凑成三位数的方法解题（需要用循环的嵌套）。

【参考代码】

```
Private Sub Form_Click()
    Dim a As Integer, b As Integer, c As Integer
    For i = 100 To 999
        a = i \ 100
        b = （i Mod 100） \ 10
        c = i Mod 10
        If i = a ^ 3 + b ^ 3 + c ^ 3 Then Print i
    Next i
End Sub
```

6. 新建 VB 程序界面如图 3.6 所示。

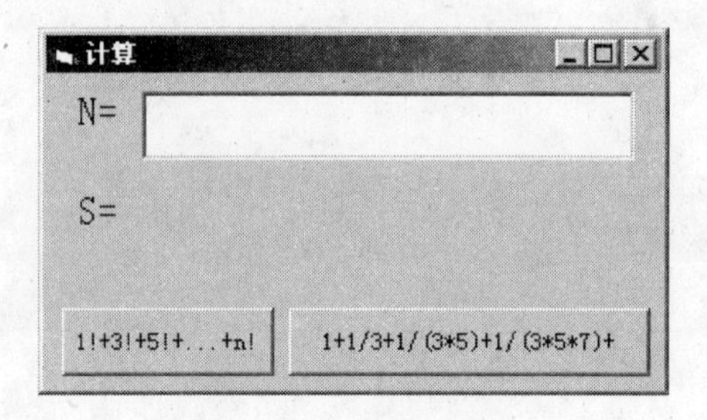

图 3.6　复杂计算

（1）单击 Command1，计算下列表达式的值：S=1!+3!+5!+⋯+n!。

（2）单击 Command2，计算下列表达式的值：$S=1+\frac{1}{3}+\frac{1}{3*5}+\frac{1}{3*5*7}+\cdots+\frac{1}{3*5*\cdots*(2N+1)}$。

【思路分析】

本题的解题关键是寻找表达式的各分项的变化规律，再统一到循环结构自变量的变化上来。比如第一小题，各分项之间的步长为 2，也就是说（i+2)! = i!*（i+1）*（i+2)，找到了规律，就可以先把循环结构写出来：For i = 3 To n Step 2。（读者不妨思考一下，为什么循环不从 1 开始？）

然后将循环体内的计算分成两部分：

- 求阶乘是连乘的过程 n = n *（i–1）* i。
- 求 S 是累加的过程 S = S + n。

第二小题的解题思路与第一小题类似，请读者自己思考。

【参考代码】略。

3.3　常见错误与难点分析

1. If语句的书写

多行式 If 语句中，Then、Else 关键字后面的语句块必须换行书写。唯一例外的是简单 If语句（也称为单行式 If语句），所有语句都在一行上书写，而且一定不能有 End If。例如下面左右两段代码都是初学者编程中常见的错误。

```
If x > y  Then Print x
          Else Print y
End If
```

```
If x > y Then Print x Else Print y End If
```

2. 多分支结构 If...ElseIf 语句的书写

If...ElseIf 语句的关键字 ElseIf 不能写成 Else If。

此结构的执行流程是从上到下依次检查各分支的条件表达式，一旦发现条件表达式结果为 True，就执行该分支的语句块，然后直接跳转到 End If 之后。即使后面的分支还有表达式结果为 True 的情况也不会再理睬。因此，设置条件表达式时应注意顺序，以避免使程序出现误判的情况。例如：

```
If x >= 60 Then
    Print "及格"
ElseIf x >= 85
    Print "优良"
Else
    Print "不及格"
End If
```

在这段代码中，如果 x 值为 100，只会输出“及格”。

3. Select Case 语句的应用

Select Case 关键字后面只能有一个变量或者表达式，例如“Select Case a + b”是对的，而“Select Case a , b”则是错误的。

表达式列表中不能出现 Select Case 关键字后面的变量或者表达式，如果需要，用关键字 Is 来代替。另外，也不能用 And、Or 等逻辑运算符。

4. 循环结构要避免死循环

死循环的意思是循环结构永远无法满足退出循环条件，将会无休止地循环下去。一般都是循环条件设置不合理造成的。For...Next 结构要注意初值、终值和步长的设置，Do...Loop 结构应注意让循环条件表达式有变化的可能。

有时候也可以用循环退出语句 Exit For 或者 Exit Do 来作为循环的出口。例如下面三段循环代码功能是一样的。

n = 0 Do While n < 10 　　n = n + 1 Loop	n = 0 Do While True 　　n = n + 1 　　If n>=10 Then Exit Do Loop	n = 0 For i = 1 To 1 Step 0 　　n = n + 1 　　If n>=10 Then Exit For Loop

5. 累加、连乘时的变量赋初值问题

存放累加结果的变量初值一般是 0，存放连乘结果的变量初值一般是 1。

它们的位置也大有讲究。单循环结构时，通常应该在循环开始前赋初值，如果放在循环体内就会导致每循环一次都会把前面循环的结果清掉；两层循环嵌套时，如果内层循环结束需要重置变量值，那么应把赋初值语句放在两重循环之间的位置，否则还是放在循环结构的前面。

6. 求最大、最小值的变量赋初值问题

有个原则叫“求最大值的初值应最小，求最小值的初值应最大”。求最大值的过程类似于“打擂台”，通过循环让每个数字逐一比较，大的留在擂台上（赋值给变量 max），小的离开。因此，要让数字中最小的一个都能大过变量的初值，才不会对比较过程造成干扰。求最小值的原理也是一样的，也可以把第一个要比较的数字作为最大值和最小值的初值。

无论求最大值还是最小值，赋初值语句的位置都应该在循环比较开始之前。

7. 所有结构的完整性问题

不管是选择结构还是循环结构，每种结构最后都有个 End 语句将该结构与程序的其他语句分隔开来。特别是在结构的嵌套中，丢失 End 语句的错误较为常见。

在多个相同或不同种类的结构嵌套时，要防止结构间的交叉。例如以下两段程序都是典型的结构交叉错误：

For i = 1 To 10
　　For j = 1 To 10
　　　　⋮
　　Next i
Next j
	For i = 1 To 10
	　　If x = 0 Then
	　　　　⋮
	　　Next i
	End If

3.4　自 测 题 三

一、单选题

1. 能够产生图 3.7 所示对话框的正确 Visual Basic 语句是（　　）。

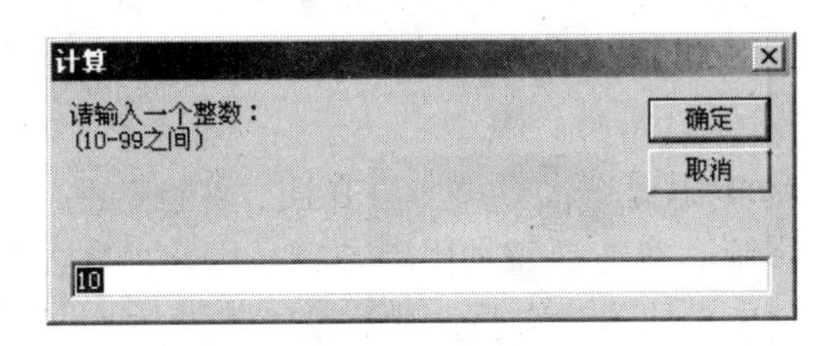

图 3.7　输入框

A. x = InputBox（"请输入一个整数：+ vbCrLf +（10-99 之间）", "计算", 10）

B. x = InputBox（"请输入一个整数：" + vbCrLf + "（10-99 之间）", "计算", 10）

C. x = InputBox（"请输入一个整数：（10-99 之间）" + vbCrLf, "计算", 10）

D. x = InputBox（"请输入一个整数：（10-99 之间）+ vbCrLf ", "计算", 10）。

2. 在默认情况下，InputBox 函数返回值的类型是（　　）。

A. 字符串　　B. 变体　　C. 数值　　D. 数值或字符串

3. 能正确显示图 3.8 所示消息框的语句是（　　）。

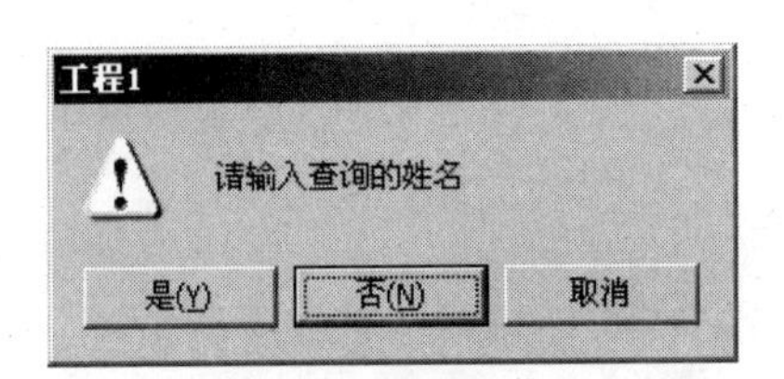

图 3.8　消息框

A. x = MsgBox（"请输入查询的姓名：", "256+3+48"）

B. x = MsgBox（"请输入查询的姓名", 256 + 3 + 48）

C. x = MsgBox（请输入查询的姓名：, vbYesNoCancel）

D. x = MsgBox（"请输入查询的姓名：", "310"）

4. 消息框 MsgBox 函数有五个参数，其中必须必不可少的参数是（　　）。

A. 设置标题栏上的提示信息 Title

B. 设置对话框中显示的命令按钮数目和形式 Button

C. 设置提示信息 Prompt

D. 设置帮助文件 HelpFile

5. 执行语句：Print Format（1234.56，"+##，##0.0"）的正确结果是（　　）。

A. +1,234.56　　B. 1,234.6　　C. +1,234.6　　D. 1,234.56

6. 关于语句“If s = 1 Then t = 1”，下列说法正确的是（　　）。

A. s 必须是逻辑型变量

B. t 不能是逻辑型变量

C. s = 1 是关系表达式，t = 1 是赋值语句

D. s = 1 是赋值语句，t = 1 是关系表达式

7. A 为一数值变量，能正确判断 A 是奇数或是偶数的语句是（　　）。

A. If A\2 = Int（A/2）Then Print“偶数”

B. If A/2 = Int（A/2）Then Print“偶数”

C. If A\2 = Int（A\2）Then Print“偶数”

D. If Fix（A/2）= Int（A/2）Then Print“偶数”

8. 变量 A，B 不等值，将 A，B 中较大的数放入变量 A，较小的数放入变量 B 的语句是（　　）。

A. If A < B Then A = B : B = A　　　　B. If A < B Then B = A : A = B

C. If A < B Then T = A : A = B : B = T　　　　D. If A < B Then T = A : A = B : B = A

9. 下列单行 If 语句中不正确的是（　　）。

A. If x > y Then Print "x > y"　　　　B. If x Then t = t + 1

C. If x Mod 3 = 2 Then Print t　　　　D. If x < 0 Then t = t + 1 : x = 1 End If

10. 下面程序段的执行结果是（　　）。

```
a = 75
If a >= 90 Then score = "优秀"
If a >= 80 Then score = "良好"
If a >= 70 Then score = "中等"
If a >= 60 Then score = "及格"
If a < 60 Then score = "不及格"
Print "成绩等级为："; score
```

A. 成绩等级为：优秀　　　　B. 成绩等级为：良好

C. 成绩等级为：中等　　　　D. 成绩等级为：及格

11. 循环语句 For i = −3.5 To 20 Step 4 决定循环体的执行次数为（　　）。

A. 4 次　　　B. 5 次　　　C. 6 次　　　D. 7 次

12. 下列程序段中，循环次数为 1 的是（　　）。

A.	B.	C.	D.
N = 10	N = 10	N = 10	N = 10
Do	Do Until N >= 5	Do While N >= 5	Do
N = N − 1	N = N − 1	N = N − 1	N = N − 1
Loop Until N >= 5	Loop	Loop	Loop While N >= 5

13. 对于以下循环结构，错误的叙述是（　　）。

```
Do
    循环体
Loop While <条件表达式>
```

A. 条件表达式可以是关系表达式、逻辑表达式或常数

B. 若在循环体中执行 Exit Do 语句，可以退出循环

C. 若条件表达式的值总为 False，则一次也不执行循环体

D. 若条件表达式的值总为 True，则无休止地重复执行循环体

14. 下面程序段中，能找出两个数 x 和 y 中较大的数并保存在变量 Max 中，其中不正确的是（　　）。

A. Max = IIf （x > y, x, y）

B. If x > y Then Max = x Else Max = y

C. Max = x : If y >= x Then Max = y

D. If y >= x Then y = Max

15. 若 m，x，y 均为 Integer 型变量，则执行下面语句后的 m 值是（　　）。

m =1:　X = 2:　Y = 3

m = IIf （X>Y, X+Y, X−Y）

A. −1　　　　B. 0　　　　C. 1　　　　D. 2

二、多选题

1. 关于消息框函数（MsgBox）描述正确的是（　　）。

A. 消息框可以用来显示字符形式的提示信息

B. 消息框中至少包含一个选择按钮

C. 消息框出现后，用户必须按下其中的一个选择按钮，程序才能继续运行

D. 若用户按下消息框中的一个选择按钮，则获得反映该按钮类型的相应数值

E. 消息框中的提示信息可以有多行，最大长度为 1024 个字符

2. 能实现功能“如果 X<Y，则 A=15，否则 A= −15。然后输出 A 的值”的程序段有（　　）。

A.
```
If X < Y Then
A = 15
A = −15
Print  A
```

B.
```
If X < Y Then A = 15
Else A = −15
Print A
```

C.
```
If X < Y Then A = 15 Else A = −15
Print A
```

D.
```
If X < Y Then
A = 15
Else
A = −15
Print A
End If
```

E.
```
If X < Y Then
A = 15
Else
A = −15
End If
Print A
```

3. 下列哪些是 Select Case 语句中 Case 关键字后面的正确取值方式（　　）。

A. x < 5　　　　B. "a"　To　"z"　　　　C. Is >= 0

D. 1,3,5　　　　E.　x > 2　And　x < 10

4. 能正确地将 1，2，3，4，5 这 5 个数累加（和为 15）的程序段为（　　）。

A.
```
S=0: n=1
Do While n<5
  S=S+n
  n=n+1
Loop
```
B.
```
S=0: n=1
Do While n<=5
  S =S+n
  n=n+1
Loop
```
C.
```
S=0: n=1
Do
  S =S+n
  n=n+1
Loop While n<5
```
D.
```
S=0: n=1
Do
  S =S+n
  n=n+1
Loop Until n>=5
```
E.
```
S=0: n=1
Do
  S =S+n
  n=n+1
Loop Until n>5
```

5. 对于形如 s1 = "http://www.people.com.cn" 的不定长字符串，获取其最后一个圆点之后的字符串的正确程序段是（　　）。

A.
```
s1 = "http://www.people.com.cn"
s2 = ""
For I = 1 To Len(s1)
  a = Mid(s1, Len(s1) – I + 1, 1)
  If a <> "." Then s2 = a & s2 Else Exit For
Next I
Print s2
```
B.
```
s1 = "http://www.people.com.cn"
a = StrReverse(s1)
b = InStr(a, ".")
s2 = StrReverse(Left(a, b – 1))
Print s2
```
C.
```
s1 = "http://www.people.com.cn"
s2 = ""
For I = Len(s1) To 1 Step –1
  a = Mid(s1, I, 1)
  If a <> "." Then s2 = a & s2 Else Exit For
Next I
Print s2
```
D.
```
s1 = "http://www.people.com.cn"
s2 = ""
For I = Len(s1) To 1 Step –1
a = InStr(s1, ".")
If a=0 Then s2=Right(s1, a) Else Exit For
Next I
Print s2
```

三、判断题

1. 在 Visual Basic 程序代码中，使用分隔符":"，可以把多个语句写在同一行上。（　　）
2. 程序的基本结构是单行结构、多行结构和多分支结构。（　　）
3. 在 Do While…Loop 语句实现的循环中，无论表达式的值如何，循环体至少被执行 1 次。（　　）
4. 循环语句 For i = n To m Step k 正常结束后，循环变量 i 的值等于终值 m。（　　）
5. 所有的 Do…Loop 结构的程序都可以被改写成功能完全一样的 For…Next 结构。（　　）

四、程序填空题

1. 单击窗体，将从文本框（Text1）中输入的正整数到 0 的各数在窗体上显示。如图 3.9 所示。

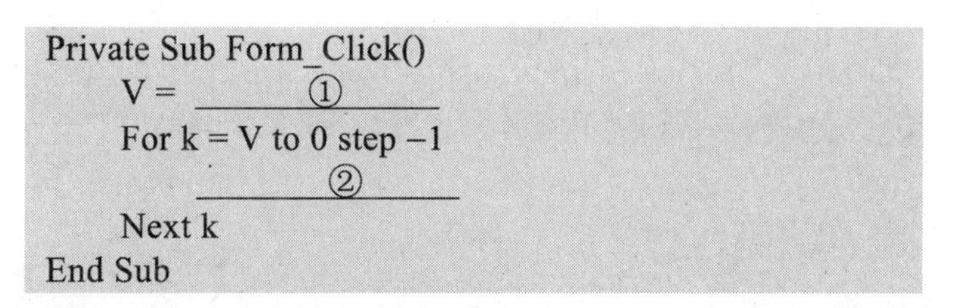

```
Private Sub Form_Click()
    V = ______①______
    For k = V to 0 step –1
        ______②______
    Next k
End Sub
```

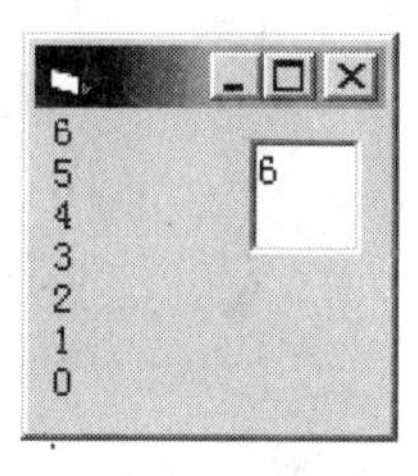

图 3.9　输出数字

2. 单击窗体，显示的输出结果如图 3.10 所示。填写程序，使其完整。

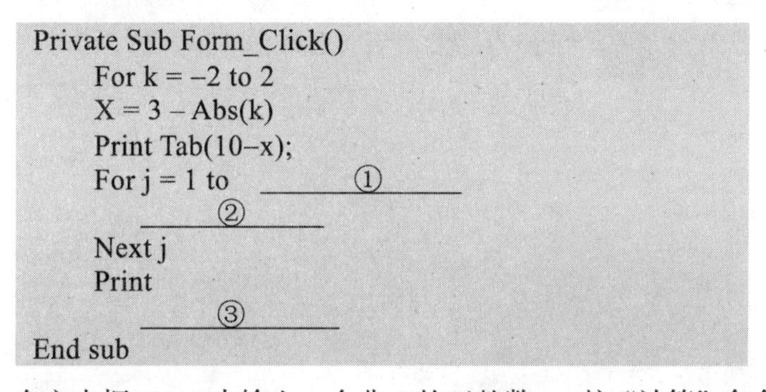

```
Private Sub Form_Click()
    For k = –2 to 2
    X = 3 – Abs(k)
    Print Tab(10–x);
    For j = 1 to ______①______
      ______②______
    Next j
    Print
      ______③______
End sub
```

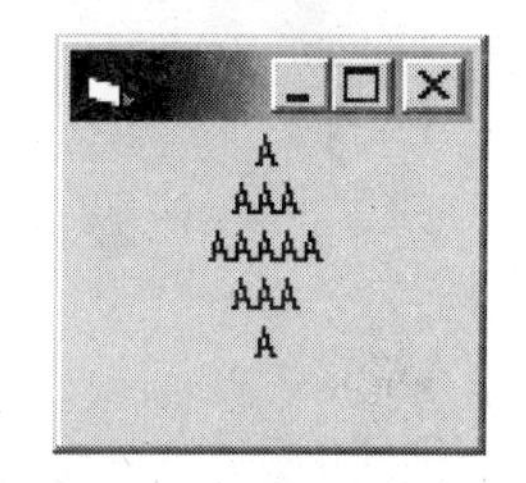

图 3.10　字母组成的图形

3. 在文本框 Text1 中输入一个非 0 的正整数 n，按“计算”命令按钮 Command1，在标签框 Label1 中显示 1+2+3+…+n 的值,在标签框 Label2 中显示阶乘 n!，即 1*2*3*…*n 的值。

```
Private Sub Command1_Click()
    n = Val (Text1.Text)
    Sum = ____①____
    Prod = ____②____
    For  k = 1 To n
        Sum = Sum ______③______
        Prod = Prod ______④______
    Next k
    Label1= Sum
    Label2= Prod
End Sub
```

4. 单击命令按钮 Command1，在窗体上显示 10 个数值范围为 1 到 100 的随机整数，并指出其中的最大值和最小值。

```
Private Sub Command1_Click()
    Max = 0: Min = 100
```

```
    For k = 1 To 10
        X = ______①______
        If ______②______ Then Max = x
        If ______③______ Then Min = x
        Print   X
    Next k
    Print "Max="; Max, "Min="; Min
End Sub
```

5. 单击窗体，在窗体上显示一个如图 3.11 所示的单位矩阵。

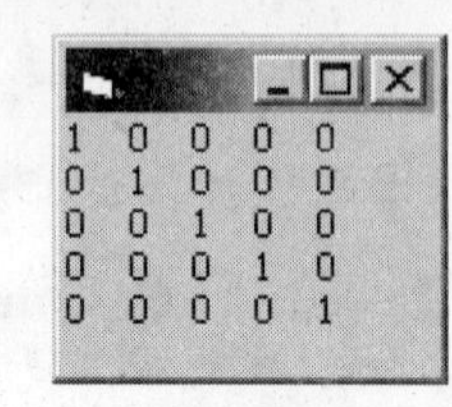

图 3.11　单位矩阵

```
Private Sub Form_Click()
    For k = 1 To 5
        For j = 1 To 5
            If ___①___ Then
                Print "1    ";
            Else
                Print "0    ";
            End If
        Next j
        __②__
    Next k
End Sub
```

6. 某市 2004 年 GDP 为 2650 亿元，比上年增长 12%。在增长率保持不变的情况下，计算某市 GDP 达到或超过 5000 亿元的年份。

```
Private Sub Command1_Click()
Dim GDP As Single, N As Integer
    GDP = 2650
    Y = __①__
    Do
        GDP = __②__ * __③__
        Y= Y + 1
    Loop While___④___
    Label1.Caption = Str(Y) + "年 GDP 将达到" + Str(GDP) + "亿元"
End Sub
```

7. 按命令按钮 Command1 之后，在窗体上显示 100 ~ 200 的所有素数。

```
Private Sub Command1_Click()
    F = 0
    For N = 100 To 200
        For   K =__①__ To__②__
```

```
            If   N Mod K = ___③___ Then
                F = 1
                Exit For
            End If
        Next K
        If F = 0 Then Print N
        F = ___④___
    Next N
End Sub
```

8. 统计由文本框 Text1 内容指定的子字符串（本例为"新东方"）在 Text2 内容中出现的次数，请填空完成该程序。如图 3.12 所示。

```
Private Sub Command1_Click()
    s1 = Text2.Text
    s2 = Text1.Text
    start = 1
    Count1 = 0
    For i = 1 To ________①________
        x = Instr (start, s1, s2)
        If x > 0 Then
            Count1 = ________②________
            start = x + Len(s2)
        Else
            Exit For
        End If
    Next i
    Label1.Caption = Count1
End Sub
```

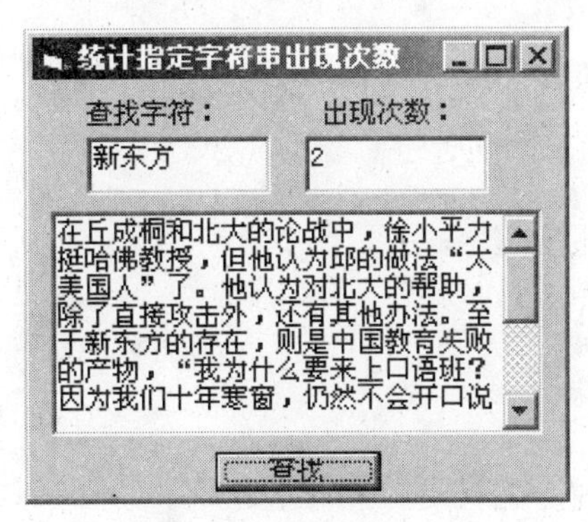

图 3.12　统计字符出现次数

9. 设 m，n 均为正整数，程序运行时通过输入框（InputBox）输入 m，求当 2^n 大于或等于 m 时，n 的最小值是多少。

```
Private Sub form_Click()
    Dim m As Long, t As Long, n As Long
    m = Val（InputBox（"请输入大于 1 的正整数：", "输入数据"））
    n = 0
    Do
        n = ______①______
        t = 2 ^ n
    Loop Until ______②______
    Print "当 n="; n; "时，2 的"; n; "次方大于"; m
End Sub
```

10. 在文本框中输入短文之后，单击“搜索”按钮 Command1，在图片框 Picture1 中显示输出词汇“手机”在短文中出现的所有位置，效果如图 3.13 所示。

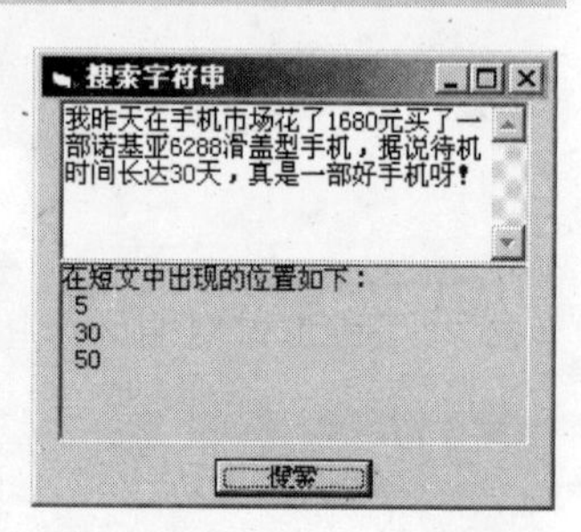

图 3.13　搜索字符串

```
Private Sub Command1_Click()
    Picture1.Print"“手机”在短文中出现的位置如下："
    For i = 1 To ______①______
        k = InStr（i, Text1.Text, "手机"）
        If k > 0 Then
            Picture1.Print k
            i = ______②______
        End If
    Next i
End Sub
```

五、阅读程序题

1. 运行下列程序，单击命令按钮，则窗体显示的结果为（　　）。

```
Private Sub Command1_Click()
    x = Sqr(2) + Rnd(2) *10
    y = Sqr(3) + Rnd(3) *10
    If x > y Then
        Print "x>y"
    ElseIf x = y Then
        Print "x=y"
    Else
        Print "x<y"
    End If
End Sub
```

A. x>y　　　B. x=y　　　C. x<y　　　D. 不确定

2. 运行下列程序，单击窗体，在输入对话框中输入–8，则输出结果为（　　）。

```
Private Sub Form_Click()
Dim n As Integer, y As Integer
    n = Val(InputBox(""))
    Select Case n
      Case Is > –10, Is < 0
          y = n
      Case Is >= 10
          y = n ^ 2
      Case 1 To 4
          y = –n
    End Select
    Me.Print y
End Sub
```

A. 64　　B. –8　　C. 0　　D. 8

3. 运行下列程序，如图 3.14 所示，在文本框 Text1、Text2、Text3 中分别输入 1、10、2，单击计算命令按键（Command1），标签框（Label1）中显示的结果是（　　）。

```
Private Sub Command1_Click()
    A = Val(Text1.text)
    B = Val(Text2.text)
    C = Val(Text3.text)
    For k = A to B step C
        A = A + 1: B = B + 1: C = C + 1
    Next k
    Label1.Caption=Str(k)
End sub
```

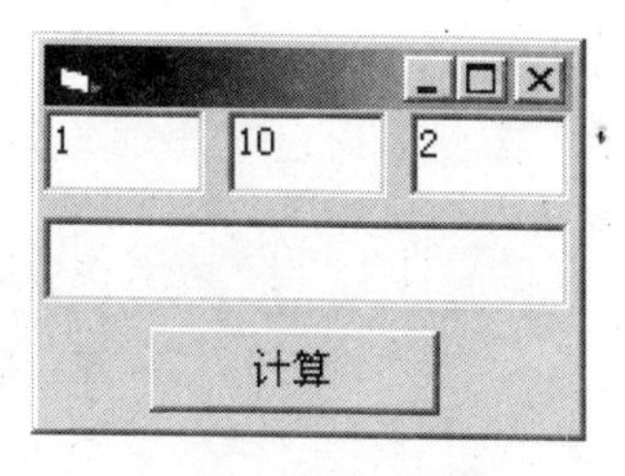

图 3.14　循环控制

A. 21　　B. 19　　C. 13　　D. 11

4. 单击计算命令按键（Command1），文本框（Text1）中显示的结果是（　　）。

```
Private Sub Command1_Click()
    Dim x as Integer
    Text1 = ""
    For x = 0 to 9
        Text1 =Text1+ Right(Str(x),1)
    Next x
End sub
```

A. 9　　B. 10　　C. 0123456789　　D. 12345678910

5. 程序运行时，在文本框 Text1 中输入正整数 37，单击判断奇偶数素数按钮 Command1，则标签 Label1 中显示的结果是（　　）。

```
Private Sub Command1_Click()
    FlagOE = 0
```

```
        A = Val(Text1.Text)
        If A / 2 = Int(A / 2) Then FlagOE = FlagOE + 1
        FlagPm = 2
        For k = 2 To A -1
            If A / k = Int(A / k) Then FlagPm = FlagPm - 2 : Exit For
        Next k
        Label1 = FlagOE + FlagPm
    End Sub
```

A. 0　　B. 1　　C. 2　　D. 3

6. 运行下列程序，单击计算命令按钮 Command1，标签 Label1 上显示的是（　　）。

```
Private Sub Command1_Click()
    Label1.Caption = ""
    X = "BASIC"
    For k = 1 To Len (X)
        If k = 1 Then T = 0 Else T = 32
        Label1.Caption = Label1.Caption + Chr(Asc(Mid(X, k, 1))+ T)
    Next k
End Sub
```

A. Basic　　B. BASIC　　C. basic　　D. basiC

'7. 运行下列程序，单击窗体后，窗体上显示的内容是（　　）。

```
Private Sub Form_Click()
    n = 19
    Do While n <> 0
        A = n Mod 2
        n = n \ 2
        x = Chr(65 + A) & x
    Loop
    Print x
End Sub
```

A. ABBAB　　B. BAABB　　C. 10011　　D. 11101

8. 运行下列程序，单击命令按键 Command1，显示的数为（　　）。

```
Private Sub Command1_Click ()
    For k = 10 To 20
    Prime = 1
    For j = 2 To k-1
        If k Mod j = 0 Then Prime = 0
    Next j
    If Prime = 1 Then Print k ; " ";
    Next k
End Sub
```

A. 11 19　　B. 11 13 15　　C. 11 13 17 19　　D. 11 13 15 17 19

9. 运行下列程序，单击命令按钮 Command1 后，窗体上输出的结果是（　　）。

```
Private Sub Command1_Click()
    a = 0 : b = 3
    For c = 1 To b
        For d = 1 To c
            a = a + c
        Next d
    Next c
    Print "Total = "; a
End Sub
```

A. Total = 12　　B. Total = 14　　C. Total = 18　　D. Total = 24

10. 运行下列程序，显示的结果是（　　）。

```
Private Sub Form_Click()
    For k = 1 To 7
        For j = 1 To 7
            If k < j Then Print 1;    Else Print 0;
        Next j
    Print
    Next k
End Sub
```

A.
```
0 1 1 1 1 1 1
0 0 1 1 1 1 1
0 0 0 1 1 1 1
0 0 0 0 1 1 1
0 0 0 0 0 1 1
0 0 0 0 0 0 1
0 0 0 0 0 0 0
```

B.
```
1 1 1 1 1 1 1
0 1 1 1 1 1 1
0 0 1 1 1 1 1
0 0 0 1 1 1 1
0 0 0 0 1 1 1
0 0 0 0 0 1 1
0 0 0 0 0 0 1
```

C.
```
0 0 0 0 0 0 0
1 0 0 0 0 0 0
1 1 0 0 0 0 0
1 1 1 0 0 0 0
1 1 1 1 0 0 0
1 1 1 1 1 0 0
1 1 1 1 1 1 0
```

D.
```
1 0 0 0 0 0 0
1 1 0 0 0 0 0
1 1 1 0 0 0 0
1 1 1 1 0 0 0
1 1 1 1 1 0 0
1 1 1 1 1 1 0
1 1 1 1 1 1 1
```

11. 运行下列程序，单击命令按钮 Command1，在窗体上输出的结果是（　　）。

```
Private Sub Command1_Click()
    For K = 1 To 4
        For N = 0 To K
            Print Chr(65 + K);
        Next N
    Print
    Next K
End Sub
```

A.
```
A
BB
CCC
DDDD
```

B.
```
AA
BBB
CCCC
DDDDD
```

C.
```
B
CC
DDD
EEEE
```

D.
```
BB
CCC
DDDD
EEEEE
```

12. 程序运行后，m 和 n 的关系为（　　）。

```
Private Sub Command1_Click()
    m = 0 : n = 0
    For i = 1 To 20
        X = Sqr(2) + Rnd * 3
        Y = Sqr(3) + Rnd * 2
        If X > Y Then
            m = m + 1
        Else
            n = n + 1
        End If
    Next i
    Print m, n
End Sub
```

A. m 一定大于 n　　B. m 一定小于 n　　C. m 一定等于 n　　D. 不确定

13. 程序运行后，单击窗体，则在窗体上显示的结果为（　　）。

```
Private Sub Form_Click()
    For i = 1 To 4
        num = Int(Rnd + I)
        Select Case num
            Case 4
                p = "W"
            Case 3
                p = "X"
            Case 2
                p = "Y"
            Case 1
                p = "Z"
        End Select
    Next i
    Print p
End Sub
```

A. W　　B. X　　C. Y　　D. Z

14. 运行程序后，单击窗体，窗体上输出的结果是（　　）。

```
Private Sub Form_Click()
    Dim s As String, t As String
    s = ""
    st = Text1.Text
    For k = Len(st) To 1 Step -1
        If k = Len(st) Then
            s = s + Mid(st, k, 1)
        Else
```

```
            s = s + "_" + Mid(st, k, 1)
        End If
    Next k
    Label1.Caption = s
End Sub
```

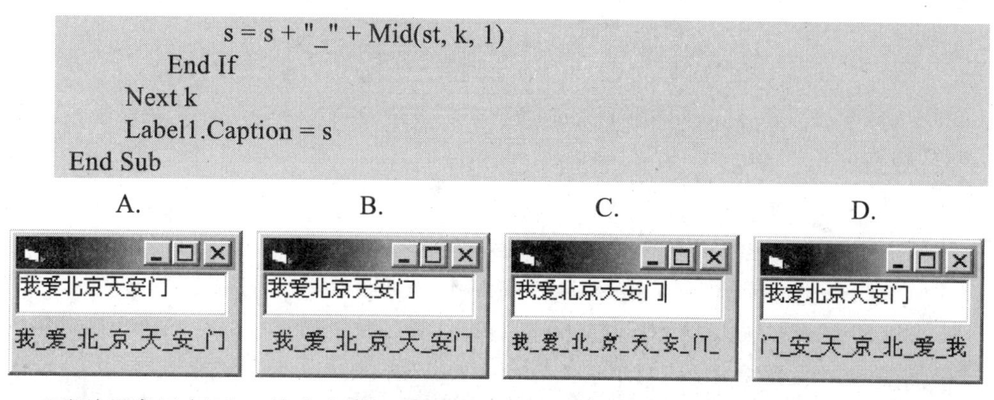

15. 下列程序运行后，单击窗体，输出结果为（　　）。

```
Private Sub Form_Click()
    Dim s As Integer, i As Integer
    Do While i <= 100
        s = s + i
    Loop
    Print s
End Sub
```

A. 100　　　B. 5050　　　C. 5500　　　D. 溢出错误

六、编程题

1. 在文本框（Text1）中输入一个字符串，按“排列”按键（Command1）将输入的字符串中的字符之间插入空格（如图 3.15 所示），显示在标签框（Label1）中。按“结束”按键（Command2）结束程序。

图 3.15　插入空格

2. 在文本框 Text1 中输入一个长数字串，单击“统计”按钮 Command1 之后，统计出现次数最多的数字及出现次数，并在标签 Label1 中显示结果，如图 3.16 所示。
3. 编写程序，单击窗体，计算由下列公式确定的 s 值，并在窗体上显示出来。

$$s = 4\times\left(1-\frac{1}{3}+\frac{1}{5}-\frac{1}{7}+\frac{1}{9}-\cdots+\frac{1}{37}-\frac{1}{39}\right)$$

图 3.16　统计数字出现次数

4. 统计资料显示，2005 年日本 GDP 为 4528 亿美元，年增长率为 2.8%；中国 GDP 为 2,2257 亿美元，年增长率为 9.8%。编程计算，若年增长率保持不变，多少年后中国 GDP 将超过日本？
5. 筛选出 100 到 200 之间，既不能被 3 整除，也不能被 5 整除的所有整数，并在窗体上按每行 9 个数的格式显示输出。如图 3.17 所示。

显示数字

101　103　104　106　107　109　112　113　116
118　119　121　122　124　127　128　131　133
134　136　137　139　142　143　146　148　149
151　152　154　157　158　161　163　164　166
167　169　172　173　176　178　179　181　182
184　187　188　191　193　194　196　197　199

图 3.17　筛选数字

6. 已知某城市出租车收费标准如下：行驶不超过 3 公里时一律收费 7 元，超过 3 公里并且在 15 公里以内按每公里 1.2 元收费，15 公里以上按每公里 1.8 元收费。要求程序实现的功能是：在文本框中输入里程数，单击“计算”按钮，计算应付的出租车费，并将计算结果显示在标签框中。如图 3.18 所示。
7. 运行时，单击窗体，则显示如图 3.19 所示图形（要求必须用循环结构实现）。

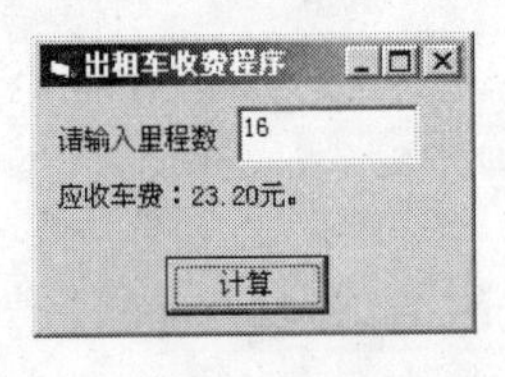

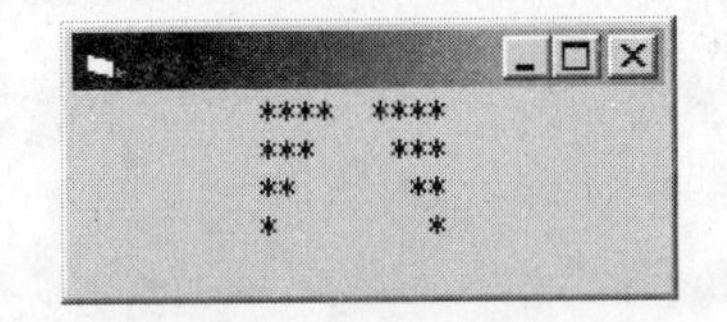

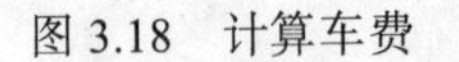

图 3.18　计算车费　　　　图 3.19　显示图形

8. 若鼠标左键单击窗体工作区任意位置，则出现如图 3.20（a）所示的输入框，在其中输入 1 到 26 的整数，便根据输入的数值，在窗体上输出如图 3.20（b）所示由字母组成的金字塔。
9. 已知两个三位数相加之和 abc + cba = 1333，编程计算并输出能满足这个条件的所有 a、b、c 的值。

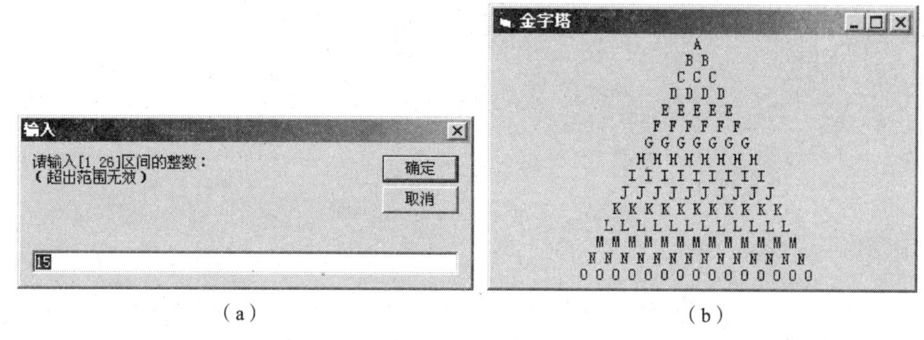

（a）　　（b）

图 3.20　字母金字塔

10. 单击窗体，求出 10000 以内的所有完数，并显示在窗体上。所谓完数，是指一个数恰好等于它的所有因子之和，例如，6 的所有因子为 1，2，3，而 6 = 1 + 2 + 3，所以 6 是完数。

七、程序调试题

（要求：找出程序代码中的错误并修改，改错时，不得增加和删除语句。）

1. 下列程序的功能是将用户键盘输入的十进制整数转换成二进制数，并在窗体上输出。下列程序运行后，单击窗体，输出结果为（　　）。

```
Private Sub Form_Click()
    Dim B As Long, D As Boolean                          'Error1
    D = Val(InputBox("请输入一个十进制数", "输入"))
    Do While D >= 0                                      'Error2
        B = B & D / 2                                    'Error3
        D = D / 2                                        'Error4
    Loop
    Print B
End Sub
```

2. 求级数的值：V = 1 + 12 + 123 + … + 123 + … + n。

文本框 Text1 中输入小于 10 的正整数 n，按“计算”命令按钮 Command1，在窗体上显示级数 1 12 123…123…n，并计算级数的值，显示在标签框 Label1 中。

```
Private Sub Command1_Click()
    n = Asc (Text1.Text)                    'Error1
    P = 0
    V = 2                                   'Error2
    For k = 2 To n                          'Error3
    P = P + P + k                           'Error4
        V = V + P
```

```
        Print P;
    Next k
Label1.Caption = V
End Sub
```

3. 编写程序计算并输出 $e^x = 1 + x + \frac{x^2}{2!} + \frac{x^3}{3!} + \cdots + \frac{x^n}{n!}$，x=1.2，要求计算到末项小于 10^{-6} 为止。

```
Private Sub Form_Click()
Dim myexp As Integer, term As Single, i As Integer      'Error1
    myexp = 0                                            'Error2
    x = 1.2
    term = x
    i = 0
    Do Until (term >= 0.000001)                          'Error3
        myexp = myexp * term                             'Error4
        i = i + 1
        term = x / i                                     'Error5
    Loop
    Print myexp, i
End Sub
```

第 4 章　数　　组

4.1　学 习 目 标

【了解】

1. 数组下标下界默认值设置语句 Option Base。
2. 数组在矩阵计算中的作用。
3. 数组在表达数据关系中的作用。

【理解】

1. 数组的概念，一维、二维数组的定义方法，数组下标的下界与上界确定。
2. 数组元素的赋值。
3. 在循环结构中使用数组的算法技巧。
4. IsArray、Lbound 和 UBound 函数。

【掌握】

1. 定义和初始化数组，访问数组元素的方法。
2. 数组与循环相结合，构成的统计、查询和排序算法。

4.2　习 题 解 答

一、简答题

1. 在 VB 中，缺省下界的数组下标一般默认从 0 开始。在窗体的通用声明部分或标准模块中可以用 Option Base 1 语句设定数组默认的下界为 1，即在此模块中所有未声明下界的数组下标均从 1 开始。

2. （1）

```
Dim A(1 To 7) As Integer
A(1) =1; A(2)=3; A(3)=6; A(4)=7; A(5)=2; A(6)=3; A(7)=5
```

（2）

```
Dim B(1 To 2, 1 To 6) As Integer
B(1,1)=3; B(1,2)=4; B(1,3)=0; B(1,4)=9; B(1,5)=1; B(1,6)=5;
B(2,1)=2; B(2,2)=3; B(2,3)=4; B(2,4)=5; B(2,5)=3; B(2,6)=2;
```

3. 略。
4. 定义方法：首先声明一个没有维数和大小的数组；用到该数组时，利用 ReDim 语句分配实际需要的元素个数和维数。

主要区别：静态数组需要在声明数组时分配内存空间，而动态数组在执行 ReDim 语句时才分配内存空间。

5.（1）VB　　　　（2）FoxPro　　　　（3）V

1　　　　0

6. 控件数组是一组具有共同名称和类型的控件。通俗地说，就是用一个数组来表示一组相同类型控件的集合。一个控件数组含有一个以上同类控件，通过数组下标（特殊属性 Index）来标识这个控件集合中的每一个具体控件。

控件数组适用于若干个控件执行的操作相似的场合。具有如下两点好处：

① 代码共享；

② 方便控件管理。

7. 略。

二、上机练习题

1. 定义一个 10 个元素的数组，将 10 个[0~100]的随机数赋值给该数组的各个元素。求出 10 个随机数的平均值，然后找出最接近平均值的元素。程序在单击窗体时执行，如图 4.1 所示。

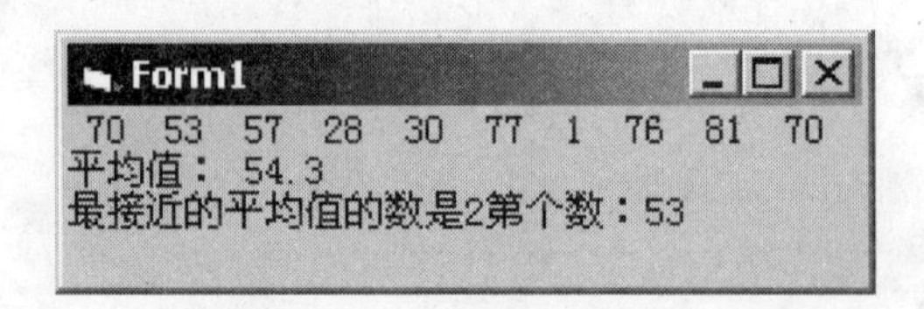

图 4.1　查找最接近平均值

【思路分析】

本题可分两步走，第一步声明一个包含 10 个元素的数组，使用循环结构依次对 10 个元素随机赋值，并求得平均值。（注意平均值可能是小数，建议用 Single 类型。）

第二步再次使用循环结构，依次求各元素与平均值之差的绝对值。绝对值最小的元素即为最接近平均值的元素。

【参考代码】

```
Private Sub Form_Click()
    Dim a(1 To 10) As Integer, s As Single, min As Integer, pos As Integer
    For i = 1 To 10
        a(i)= Int(Rnd * 100)        '依次生成随机数
        s = s + a(i)
        Print a(i);
    Next i
```

```
    s = s / 10                                 '求平均值
    Print                                      '换行
    Print "平均值："; s
    min = 999          ' min 记录最小绝对值，pos 记录最小值对应元素的下标
    For i = 1 To 10
        If Abs(a(i) – s) < min Then
            min = Abs(a(i) – s)
            pos = i
        End If
    Next i
    Print "最接近平均值的数是第" & pos & "个数：" & a(pos)
End Sub
```

2. 用随机函数生成一个 M×N 的二位数矩阵 A，然后使其旋转 90º，形成另一矩阵 B，并使矩阵 A 和 B 显示在窗体上。如图 4.2 所示。

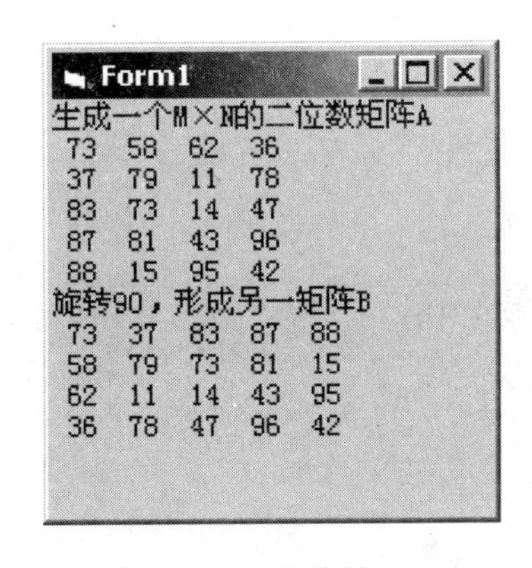

图 4.2　矩阵旋转 90º

【思路分析】

本题可分成两个步骤。

第一步，动态声明一个 M×N 的二维数组，利用双循环结构，对该数组的每个元素赋随机值，并用 Print 语句输出，得到矩阵 A 的效果。输出时要注意换行。

第二步，将双循环结构的外循环和内循环位置交换（即 M 与 N 交换位置），按新的循环控制顺序输出数组，得到旋转 90°的矩阵 B 效果。解题的关键在于搞清楚矩阵变化前后元素的位置变化规律。

【参考代码】略。

3. 参见理论教材例 4.9 和例 4.10，随机生成 3×5 的矩阵，求出每列数据的最大值，见图 4.3。

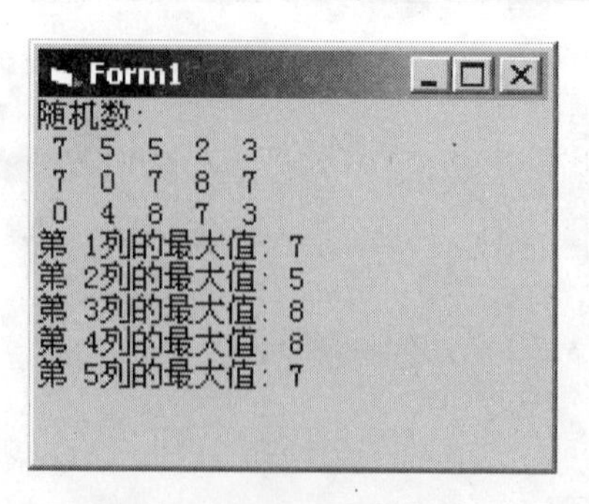

图 4.3　求每列数据最大值

【思路分析】

首先利用双循环结构随机生成一个 3×5 的数组，以矩阵形式 Print 到窗体上；然后可以将内层循环（即每一列）看作一个一维数组，依照一维数组求最大值的思路进行编程。

【参考代码】

```
Private Sub Form_Click()
    Dim a(2, 4) As Integer, Max As Integer, pos As Integer
    Print "随机数："
    For i = 0 To 2                                          '生成矩阵
        For j = 0 To 4
            a(i, j) = Rnd * 10: Print a(i, j);
        Next j
        Print
    Next i
    For i = 0 To 4                                          '求每列的最大值
        Max = 0
        For j = 0 To 2
            If a(j, i)> Max Then Max = a(j, i): pos = j     '注意这里 i 和 j 的位置
        Next j
        Print "第" & i + 1 & "列的最大值：" & Max
    Next i
End Sub
```

4. 利用二维数组生成一个 N×N 的方阵 a，其中 a（i,j）="* "（星号加空格）或者为" "（两个空格），在窗体显示如图 4.4 所示两种图形（N=20）。

思路：仔细研究 i 与 j 的关系，建议先在纸上画出示意图，抓住数组下标的变化规律。

【思路分析】

解本题的关键在于归纳出赋值为"* "或者" "的元素的下标规律。例如，对角矩阵的规律就是当行号与列号时应该输出两个空格，其他情况下应该输出星号加空格。这就形成一个典型的选择结构。将它放到循环中，就不难得到规定的矩阵了。

【参考代码】略。

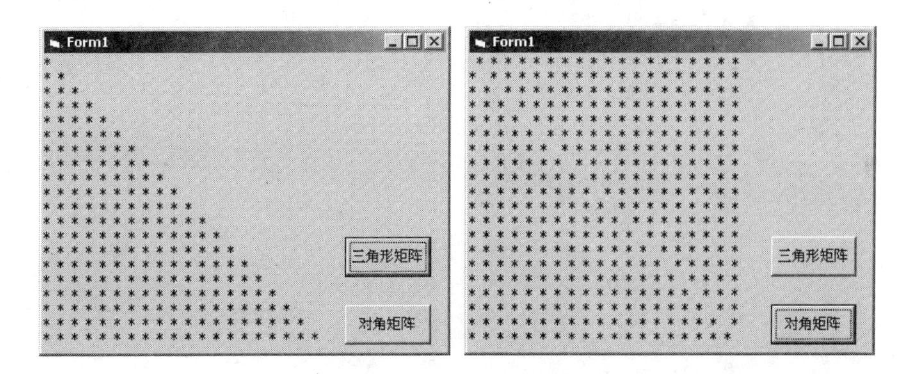

图 4.4　星号组成的几何图形

5. 求解猴子选大王问题。n 只猴子选大王的选举方法如下：所有猴子按 1，2，…，n 编号围坐成一圈，从第 1 号开始按照 1，2，…，m 报数，凡报到 m 号的猴子退出圈外；剩下的猴子重复上述报数退出过程直到圈内只剩下一只猴子为止，最后剩下的猴子便是大王。设计如图 4.5 所示的窗体界面。程序运行时输入猴子总数 n 和报数的终止数 m，单击“选举”按钮进行选择，猴王编号显示在对应文本框中。

图 4.5　猴子选大王执行效果

【思路分析】

根据猴子总数 n 建立一维数组 MonkeyNo（n）。初始化数组 MonkeyNo（n）每个元素的初值为 1，代表每个猴子处于排队中，根据题中报数规则，某猴子（数组某元素）依次报数，正好到报数终止数 m 时，置该元素值为 0，表示该猴子退出竞选。对剩下的猴子重新按此规则报数，循环往复，直到该数组中只剩下一个元素的值为 1，该元素即为猴王。

报数规则用双循环结构，内层循环结构用 For 循环语句对所有在队列的猴子（数组元素值为 1）进行依次累加，当累加结果正好为 m 时，说明在这些猴子中报数到 m，报到的猴子退出队列（数组元素值置 0）。外循环采用 Do…Loop 语句，终止条件为数组中只有一个元素值为 1（只剩一只猴子）。

【参考代码】

```
Private Sub Command1_Click()
    Dim n As Integer, m As Integer, MonkeyNo()As Integer
    Dim sum As Integer, countone As Integer
    n = Text1.Text                              '猴子总数
    m = Text2.Text                              '报数终止数
```

```
    ReDim MonkeyNo(1 To n) As Integer      '生成猴子编号数组
    For i = 1 To n
        MonkeyNo(i)= 1                     '猴子状态初始化，为 1 还未出局
    Next i
    countone = n                           '累积记数初始化，目前还有 n 个
    Do While countone > 1                  '最后剩一个猴子时退出循环
        countone = 0
        For i = 1 To n
            sum = sum + MonkeyNo(i)
            If sum = m Then
                MonkeyNo(i) = 0            '淘汰倒霉猴子
                sum = 0
            End If
            countone = countone + MonkeyNo(i)
        Next i
    Loop
    For i = 1 To n              ' MonkeyNo 数组最后只有一个元素为 1，则为猴王
        If MonkeyNo(i) <> 0 Then
            Text3.Text = Str(i)            '最后选择出的猴王编号
        End If
    Next i
End Sub
```

6. 理论教材例 4.5 中，实现了在任一由数字组成的字符串中统计每个数字出现次数的功能。请修改例题代码，统计任一由小写字母组成的字符串中每个字母出现的次数，例如，字符串 s= "affdadklgjqopepfenoipadpigrnpoivacmeppdfz"。如图 4.6 所示。

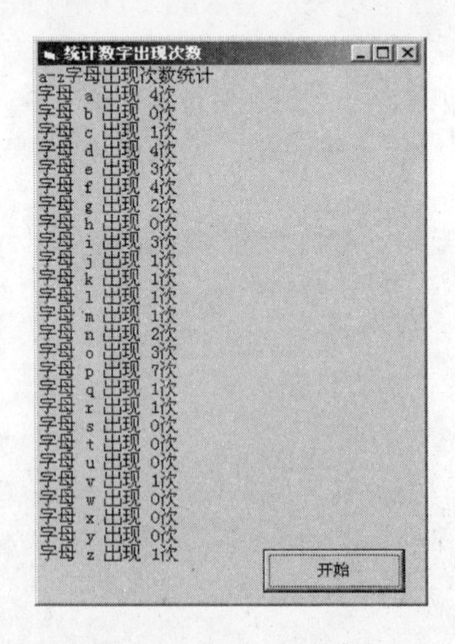

图 4.6　统计字母个数

【思路分析】

参见理论教材例 4.5 中的思路，找字母 a~z 的规律，对应成 ASCII 码是 97~122。分别减去 97，则 a~z 对应数字 0~25。于是可以用一维数组 a（0 To 25） as Integer 来记录字母 a~z 的出现次数。

具体实现上，拆解字符串 s，将每一个字符单独提出转成 ASCII 码后分别减 97，变成数字 0，5，5，3，…，3，5，25。分别作为数组 count 的下标，在相应的元素中累加数字 1，从而实现字母 a~z 各自累加统计。

【参考代码】略。

7. 编程设计“校园十佳歌手大奖赛计分系统”，参考界面如图 4.7 所示。假定比赛规则是：由 7 位裁判为每个选手打分，去掉一个最高分，去掉一个最低分，求出的平均分即为选手的得分。

（1）用户输入 7 位评委的打分（十分制）；

（2）系统自动给出最后得分 =（总分–最低分–最高分）/5 。

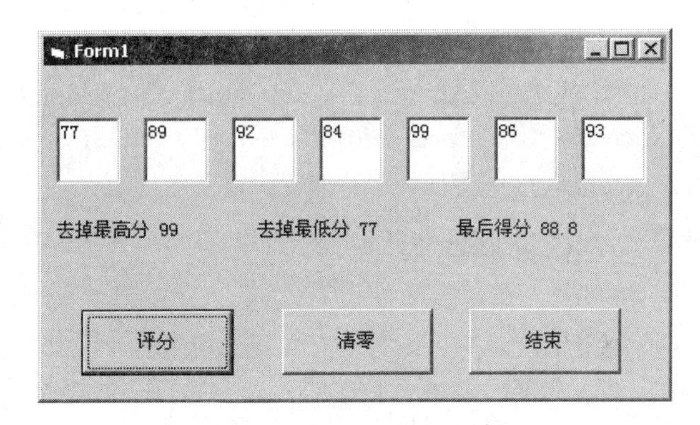

图 4.7　校园十佳歌手大奖赛计分系统

【思路分析】

本题十分简单，不用数组也能实现。但是，如果将输入分数的文本框控件设置成控件数组的话，可以很方便地使用循环来完成分数的计算。读者不妨用两种方法（控件数组和非控件数组）来完成本题，比较一下哪种方法更好。

【参考代码】

```
Private Sub Command1_Click()
    Dim max As Integer, min As Integer, i As Integer, sum As Integer
    max = Val(Text(0))
    min = Val(Text(0))
    sum = Val(Text(0))
    For i = 1 To 6
        sum = sum + Val(Text(i))
```

```
            If Val(Text(i))> max Then max = Val(Text(i))
            If Val(Text(i))< min Then min = Val(Text(i))
        Next i
        Label1 = "去掉一个最高分  " & max
        Label2 = "去掉一个最低分  " & min
        Label3 = "最后得分  " & (sum – max – min)/ 5
End Sub
'清零和结束功能的代码略
```

4.3　常见错误与难点分析

1. 数组声明中静态声明与动态声明的用途

（1）静态数组声明。在声明时已经确定了数组的大小、维数。

例如：

```
Dim a(1 To 5) As Integer                         Dim a(7) As Integer
Dim a(0 To 5, 0 To 8) As Integer                 Dim a(5,8) As Integer
CONST n = 20:   Dim a(n) As Integer
```

典型错误：

```
n = InputBox("请输入数组的大小")
Dim a(n) As Integer
```

采用此方法声明数组是错误的，因为静态数组下标的声明必须为常数。

（2）动态数组声明。声明时不确定数组的大小、维数，需要 ReDim 语句分配内存空间。

例如：

```
    Dim a() As Integer
    n = InputBox("请输入数组的大小")
    ReDim a(n)
```

动态数组主要解决代码编写时还不能确定大小和类型的数组的定义。

2. 数组声明中上下界关系及动态数组类型一致性问题

数组声明中，下界必须小于上界。否则报“编译错误：数组超出范围”。例如：

```
Dim a(–4) As Integer
Dim a(6 To 2) As Integer
ReDim a(6 To 2) As Integer
```

以上三条语句都是错误的。

另外，动态数组声明中。ReDim 语句定义的数组类型必须与该数组起始定义（Dim）的数组类型一致。例如：

```
Dim a() As Single
ReDim a(10) As Integer
```

系统会提示“编译错误：不能改变数组元素的数据类型”。

3. 数组下标越界错误

引用了不存在的数组元素，即下标比数组声明时的下标范围大或小即为越界。

若在代码模块的最顶端写入 Option Base 1，意味着声明了一个有 5 个数组元素的数组 a，其存取值分别放在 a（1），a（2），a（3），a（4），a（5）。这时，引用 a（0）会报下标越界错误。

所以，利用循环控制结构对数组进行操作时，必须注意循环自变量的初值和终值，通常初值为下标下界，终值为下标上界。

4. Array 函数常见问题

Array 函数实现对数组的整体赋值操作。要求数组变量名必须声明为 Variant 类型，且这个变量准备成为一维数组。例如，将七个字符串“一”，“二”，“三”，“四”，“五”，“六”，“日”赋值给数组 a，常见错误的声明与赋值方法如下：

（1）Dim a（1 To 7）

　　a=Array（"一","二","三","四","五","六","日"）

（2）Dim a As Integer

　　a=Array（"一","二","三","四","五","六","日"）

（3）Dim aa()=Array（"一","二","三","四","五","六","日"）

正确方法：

（1）Dim a()

　　a=Array（"一","二","三","四","五","六","日"）

（2）Dim a

　　a =Array（"一","二","三","四","五","六","日"）

上例利用 Array 函数赋值后，若设置 Option Base 1，数组 a 为 a（1 To 7）；若设置 Option Base 0（VB 默认），数组 a 为 a（0 To 6），在引用时需特别注意。

5. 利用 LBound 和 UBound 函数确保程序通用性

由于 VB 数组声明时可以自由确定数组的上界和下界，而数组常常与循环结构结合使用，故设计具有不受上界、下界更改影响的循环控制程序有特别的意义。

若数组 a 改变了数组大小和上下界，则采用如下循环结构，可以不需调整循环范围。

功能：输出数组 a 的所有元素值到屏幕上。

```
Option Base 1
Private Sub Form_Click()
    Dim a As Variant, I As Integer
    a = Array(1,2,3,4,5,6,7)            '使用 Array 函数赋值，生成数组 a
    For i = Lbound(a)To Ubound(a)'在循环结构上确定数组的下界和上界
        Print a(i);
    Next i
End Sub
```

上例不需考虑数组 a 的上界下界是多少，均可匹配正确。

4.4 自 测 题 四

一、单选题

1. 下面的数组声明语句中，正确的是（　　）。

A. Dim B（3，4） As Integer　　B. Dim B（3；4） As Integer

C. Dim B（3–4） As Integer　　D. Dim B（3：4） As Integer

2. 设有说明语句 Option Base 1: Dim arr（–3 To 3,10），则数组 arr 中元素个数为（　　）。

A. 60　　B. 70　　C. 80　　D. 90

3. 对下面说明语句，数组 B 中全部元素的个数为（　　）。

```
Option Base 0
Dim B(1 To 10, 10) As Integer
```

A. 100　　B. 110　　C. 120　　D. 132

4. 在默认情况下，语句 Dim a（5, 6） As Double 定义的数组 a 中拥有的元素个数为（　　）。

A. 20　　B. 30　　C. 40　　D. 42

5. 语句 Dim a（–10, 10） As Integer 定义的数组长度为（　　）。

A. 10　　B. 20　　C. 21　　D. 出错

6. 下列关于数组定义的语句中，概念正确的语句是（　　）。

A. 一维数组的下标只能从 0 或 1 开始

B. 使用语句 Dim a（–1, 1） As Double，可以定义一个拥有 3 个元素的数组

C. 使用语句 Dim a（n） As Integer，可以定义一个拥有 n 个元素的数组

D. 使用语句 Option Base 0: Dim b（3,5）As Single 定义的数组 b 拥有 24 个元素

7. 当 n 为一个整型变量时，下列数组定义中错误的是（　　）。

A. Dim a（5, 5 To 10）As Integer　　B. Dim C（1,2,3）

C. Dim X（n） As String　　D. ReDim X（n） As Integer

8. 要分配存放如下方阵的数据(不能浪费空间),可以使用的数组声明语句是(　　)。

$$\begin{Bmatrix} 1.1 & 2.2 & 3.3 \\ 4.4 & 5.5 & 6.6 \\ 7.7 & 8.8 & 9.9 \end{Bmatrix}$$

A. Dim a（9） As Single　　B. Dim a（3,3） As Single

C. Dim a（–1 to 1, –5 to –3） As Single　　D. Dim a（–3 to –1,5 to 7）As Integer

9. 在控件数组中，所有控件元素必须相同的属性是（　　）。

A. Caption 属性　　B. Index 属性

C. Name 属性　　D. Enabled 属性

10. 在窗体上有一个控件数组，用于标识各个控件数组元素的参数是（　　）。

A. Index　　B. Tag　　C. Name　　D. TabIndex

二、多选题

1. 在默认情况下，能正确定义具有 10 个元素的数组 b 的语句有（　　）。

A. Dim b（1 To 10）　　B. Dim b（–5 To 5）

C. Dim b(): n = 10: Redim b（n）　　D. Dim b（15 To 24）

E. Dim b（10）

2. 下列数组声明正确的是（　　）。

A. Dim a（10 To 1）As Integer

B. n=5
Dim a（n）As Integer

C. Dim a()As Single
ReDim a（10）As Integer

D. Dim a()As Integer
ReDim a（30）As Integer

E. Dim a()As Integer
n=50
ReDim a（n） As Integer

3. 下面关于数组描述正确的是（　　）。

A. 数组占用内存中一片连续空间　　B. 数组具有数据类型

C. 数组的一个元素相当于一个简单变量　　D. 数组的下标默认为 0~100

E. 数组是 Variant 类型时，各元素取值的类型可以不统一

4. 在默认情况下，能正确定义具有 101 个元素的数组 b 的语句有（　　）。

A. Dim b（1 To 100）　　B. Dim b（–50 To 50）

C. Dim b()：n = 100：Redim b（n）　　D. Dim b（100 To 200）

E. Dim b（100）

5. 构成控件数组的多个控件具有下列共同性，正确的有（　　）。

A. 由同一类型的控件构成

B. 具有相同的控件名

C. 每个控件的索引 Index 属性都不为空

D. 每个控件的索引 Index 属性都不为 0

E. 每个控件的大小和位置都相同

三、程序填空题

1. 下列程序运行后，单击窗体，则在窗体上显示数组 A 中具有最大值的元素。

```
Dim a(10) As Integer, Max As Integer
Private Sub Form_Click()
    ________①________
    For i = 1 To 10
        If ________②________ Then
            ________③________
        End If
    Next i
    Print "具有最大值的元素为：", Max
End Sub
Private Sub Form_Load()
    For i = 1 To 10
        a(i) = Int(Rnd * 100)
    Next i
End Sub
```

2. 下列程序的功能是从 n×n 的整型数方阵 A 中取出所有不靠边的元素，组成一个方阵 B，并在窗体上显示输出。

```
Private Sub Form_Click()
    Dim A() As Integer, B() As Integer
    n = Val(InputBox("请输入方阵的阶数"))
    ReDim ____________①____________
    For i = 1 To n
        For j = 1 To n
            A(i, j) = Rnd * 9
    Next j, i
    For i = 2 To n – 1
        For j =2 To n – 1
            ____________②____________
            Print B(i, j);
        Next j
        ____________③____________
    Next i
End Sub
```

3. 单击窗体后，随机产生由 25 个 0 或者 1 构成 5×5 矩阵，要求在窗体上显示该矩阵和其下三角形元素。参见图 4.8。

```
显示下三角形元素
原始矩阵：
 1  1  1  0  0
 1  0  1  1  1
 0  0  1  1  0
 1  1  0  1  0
 1  1  0  1  0
显示下三角形元素：
 1
 1  0
 0  0  1
 1  1  0  1
 1  1  0  1  0
```

图 4.8　三角形矩阵

```
Private Sub Form_Click()
    Cls
    Dim a(1 To 5, 1 To 5)
    Print "原始矩阵： "
    For i = 1 To 5
        For j = 1 To 5
            a(i, j) = ________①________
            Print a(i, j);
        Next j
        Print
    Next i
    Print "显示下三角形元素： "
    For i = 1 To 5
        For j = 1 To ________②________
            Print a(i, j);
        Next j
        Print
    Next i
End Sub
```

4. 下面事件过程能生成并在窗体上输出如图 4.9 所示矩阵，请完善程序。

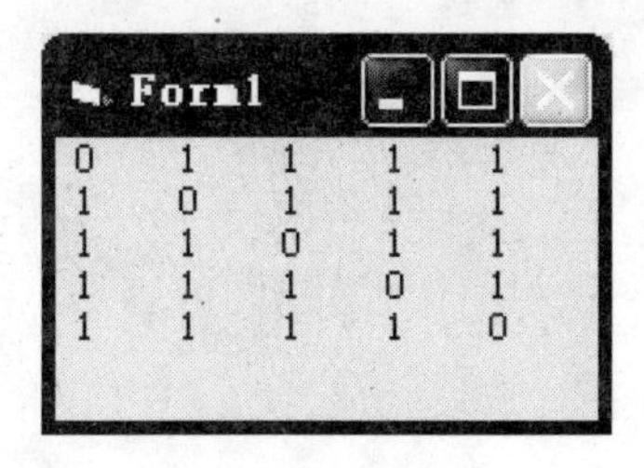

图 4.9　对角矩阵

```
Private Sub Form_Click()
    Dim a(5, 5) As Integer, i As Integer, j As Integer
    For i = 1 To 5
        For j = 1 To 5
            If ______①______Then a(i, j) = 0 Else a(i, j) = 1
                Print a(i, j); "    ";
            End If
        Next j
        ______②______
    Next i
End Sub
```

5. 下面的程序用于统计一维数组 a 中包含的峰值个数，并在窗体上输出统计结果（对于一维数组 a 来说，若元素 a（i）的值大于它的前后相邻元素的值，则 a（i）为一个峰值）。

```
Private Sub Form_Click()
    a = Array(77, 91, 20, 57, 16, 80, 77, 38)
    n = 0
    For i = 1 To Ubound(a)– __①__
        If a(i)> a(i – 1)And __②__ Then
            n = n + 1
        End If
    Next i
    Print "数组中包含峰值的个数为："; n
End Sub
```

四、程序阅读题

1. 运行下述程序，单击窗体之后，窗体上输出的结果为（　　）。

```
Private Sub Form_Click()
    Dim a As Variant, i As Integer
    a = Array(1, 2, 3, 4, 5)
    For i = Lbound(a) To Ubound(a)
        a(i) = a(i) * 2
    Next i
    Print a(i)
End Sub
```

A. 8　　B. 10　　C. 12　　D. 程序出错

2. 执行下面程序，单击窗体后，窗体上显示的内容是（　　）。

```
Private Sub Form_Click()
    Dim a
    a = Array("Mon", "Tue", "Wed", "Thu", "Fri", "Sat", "Sun")
```

```
    Print a(5), Lbound(A), Ubound(A)
End Sub
```

A. Fri　1　7　　B. Fri　0　6

C. Sat　1　7　　D. Sat　0　6

3. 下述程序运行时，单击窗体，在窗体上显示的内容为（　　）。

```
Private Sub Form_Click()
    Dim a As Variant
    a = Array(37, 58, 69, 22, 84, 93, 77, 62)
    For i = Ubound(A) To Lbound(A) Step −5
        Print Trim(Str(a(i)));
    Next i
End Sub
```

A. 3784　　B. 6269　　C. 3758　　D. 6277

4. 下述程序的运行结果为（　　）。

```
Private Sub Command1_Click()
    a = Array(33, 76, 89, 21, 10, 44, 57, 69, 28, 71)
    b = Array(25, 45, 89, 90, 16, 27, 83, 62, 83, 75)
    For i = Ubound(A) To Lbound(A) Step −1
        If a(i) <> b(i) Then c = c + 1
    Next i
    Print c
End Sub
```

A. 6　　B. 7　　C. 8　　D. 9

5. 下列程序运行后，单击命令按钮 Command1，则在窗体上显示的内容是（　　）。

```
Option Base 0
Private Sub Command1_Click()
    Dim city As Variant
    city = Array("北京", "上海", "天津", "重庆")
    Print city(1)
End Sub
```

A. 空白　　B. 错误提示　　C. 北京　　D. 上海

第5章　过　　程

5.1　学 习 目 标

【了解】

1. 程序的模块化结构（窗体模块、标准模块和类模块）。
2. 过程的递归调用。

【理解】

1. 自定义子过程的定义与调用方法。
2. 函数过程的创建与调用方法，函数的类型设置。
3. 过程调用中参数传递（按值传递和按地址传递）的概念。

【掌握】

1. 过程调用中的参数传递机制。
2. 参数按值传递与按地址传递方法的特点及应用范围。

5.2　习 题 解 答

一、简答题

1.（1）将复杂问题模块化、简单化。

通过将任务分解成若干子任务，子任务由过程实现。使程序结构清晰，阅读修改方便，便于多个程序员协同工作。

（2）实现部分代码的重复使用。

编写具有通用性的独立过程，便于重复调用，简化程序，减少出错。

2. 主要区别在于，函数执行完后将得到一个返回值，而子过程只是执行一系列动作，没有返回值。

3. 子过程包含通用过程和事件过程。

事件过程与通用过程同属于子过程。事件过程在程序语法形式上与通用过程一致，也可以通用过程的方式调用事件过程，但形式参数不能自己定义，事件过程一般由系统事件自动调用。

4. 方法一：　Call MyPro（6，9）;

方法二：　MyPro 6,9。

5. 参见理论教材5.4参数的传递。
6. 同上。
7. 可以在标准模块中声明该过程，且在声明该过程时使用Public关键字；也可以在窗体模块中以同样的方法声明。但在使用时需要注意，调用来自其他窗体模块的全局变量/过程，需加全局变量/过程所属窗体名，若是来自标准模块，则不用加任何修饰。

二、上机练习题

1. 编写一个自定义子过程Num( ), 统计输入字符串中数字、字母及其他字符的个数。主程序代码及运行结果（图5.1）如下：

```
Private Sub Form_click()
    Dim a As String
    a = InputBox("请输入字符串:")
    Call Num(a)
End Sub
```

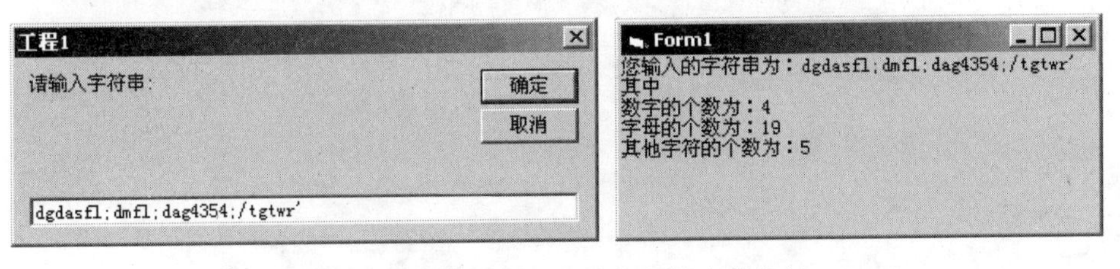

图5.1　数字、字母及其他字符个数统计

【思路分析】

按题目要求，建立自定义名为Num的子过程，同时以一个字符型的形参来作为外部传递待统计字符串的入口。

对于输入的待统计字符串，在For循环结构中利用Mid函数依次取出每个字符，分别用ASCII码范围比较来确定取出的各个字符属于数字、字母或其他字符，然后累加。

【参考代码】

```
Private Sub Num(a As String)
  Dim Sum1 As Integer, Sum2 As Integer, Sum3 As Integer.
    For i = 1 To Len(a)                    '依据字符串a的长度，循环取字符
        k = Mid(a, i, 1)                   '循环取字符，存储到临时变量k
        Select Case k
            Case "a" To "z", "A" To "Z"        '判断该字符是否是字母
                Sum1 = Sum1 + 1
            Case "0" To "9"                    '判断该字符是否是数字
```

```
                    Sum2 = Sum2 + 1
                Case Else
                    Sum3 = Sum3 + 1                    '判断该字符是否是其他字符
            End Select
        Next i
        Print "您输入的字符串为：" & a
        Print "其中" & vbCrLf & "数字的个数为：" & Sum2
        Print "字母的个数为：" & Sum1
        Print "其他字符的个数为：" & Sum3
End Sub
```

2. 定义一个求数组中最小数据元素的函数过程 Function getMin（x（）As Integer）As Integer，如图 5.2 所示。利用此函数过程实现如下功能：
   - 产生 5 个随机数并求最小值
   - 产生 10 个随机数并求最小值
   - 产生 15 个随机数并求最小值

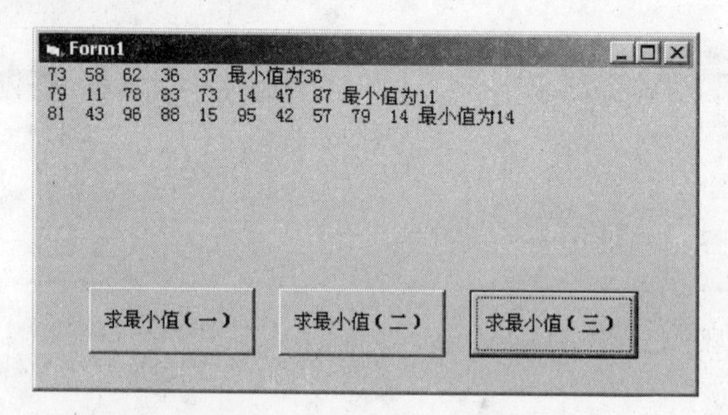

图 5.2　求数组中最小数据元素的函数过程

【思路分析】

在主程序中生成随机数，并调用函数过程比较简单，求最小值也很简单。唯一值得注意的是本次传递的参数是一个数组。需要注意以下几点：

（1）形参数组只能按地址传递参数，对应的实参也必须是数组，且数据类型相同；

（2）调用时，把要传递的数组名放在实参表中，数组名后面不跟圆括号；

（3）在函数过程中不可以用 Dim 语句对形参数组进行声明。

【参考代码】略。

3. 编写子过程或函数过程将两个按升序排列的数列 a（1），a（2），…，a（n）和 b（1），b（2），…，b（m），合并成一个仍为升序排列的新数列。

【思路分析】

在创建子过程时，声明两个数组形参 a 和 b，子过程内部用动态数组的方式声明数组 c，ReDim 语句设置数组 c 的大小为数组 a、b 之和（可使用 UBound（ ）函数和 LBound（ ）函数）。

利用循环结构，用依次比较的方法将数组 a 和 b 的元素值赋值到数组 c 中。

本题的前提是数组 a 和 b 均已是按升序排列的数值集合。这样就只需要关心数组间的排序，而不必管数组内部的排序。当然读者也可以试一试将两个数组直接合并，然后用排序算法对新生成的数组进行排序。

【参考代码】

```
Sub mergeArray(a()As Integer, b() As Integer)
    Dim m As Integer, n As Integer, c() As Integer
    m = UBound(a) - LBound(a) + 1
    n = UBound(b) - LBound(b) + 1
    ReDim c(m + n) As Integer      '合并的数组 c 的大小为 a 和 b 大小之和
    Dim Ia As Integer, Ib As Integer, pos As Integer
    Ia = 1                         '初始数组 a 的起始位置
    Ib = 1                         '初始数组 b 的起始位置
    Dim ma As Boolean      '数组 a 是否已合并到最后一个，为 True 说明只剩数组 b
    For i = 1 To m + n
        If a(Ia)< b(Ib)Then        '比较数组 a、b 中各元素的大小依次赋给 c
            c(i) = a(Ia): Ia = Ia + 1
        Else
            c(i) = b(Ib): Ib = Ib + 1
        End If

        If Ia > m Then                      '判断数组 a 是否已合并完
            ma = True : pos = i             '记录数组 c 当前的合并位置并退出循环
            Exit For
        End If
        If Ib > n Then                      '判断数组 b 是否已合并完
            ma = False : pos = i            '记录数组 c 当前的合并位置并退出循环
            Exit For
        End If
    Next i
    If ma = True Then               '若数组 a 已经合并完，则把 b 中剩余的都赋给 c
        For i = pos + 1 To m + n
            c(i) = b(Ib): Ib = Ib + 1
        Next i
    Else                            '若数组 b 已经合并完，则把 a 中剩余的都赋给 c
        For i = pos + 1 To m + n
            c(i) = a(Ia): Ia = Ia + 1
        Next i
    End If
```

```
    For i = 1 To m + n            '将合并后的数组 c 输出
        Print c (i)
    Next i
End Sub                           '主程序代码略
```

4. 定义一个素数函数 Function IsPrime（n as Integer）As Boolean。若 n 为素数，则返回 True；否则，返回 False。在主程序调用该函数显示 1 到 20 之间的素数。如图 5.3 所示。

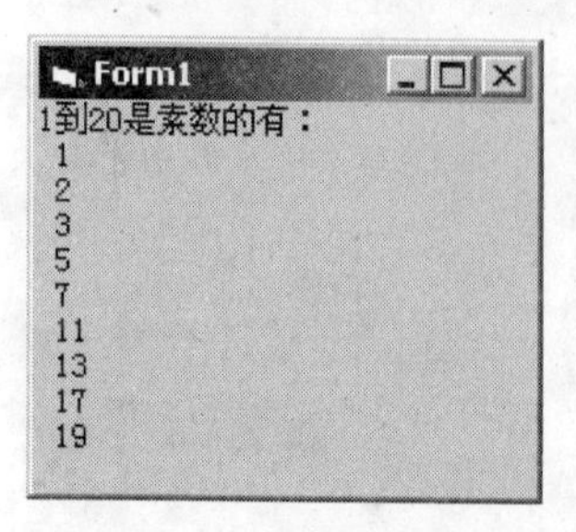

图 5.3　调用素数函数执行效果

【思路分析】

素数的判断方法前面章节已有详细的说明，这里不再赘述。

创建函数过程时，设置一个整型的形参和一个逻辑型的返回值。若形参被判断为素数，返回值为 True，否则为 False。

【参考代码】略。

5.3　常见错误与难点分析

1. 子过程的调用方式

无论是哪种过程，在 VB 中都有两种调用方式可供选择。

（1）使用 Call 关键字调用子过程；

（2）利用过程名直接调用子过程。

例如，调用子过程 Sub mySub（a As Integer）时，可以写成

mySub 32

Call mySub（32）

2. 函数过程返回值的使用

子过程与函数过程的主要区别在于，函数执行完后将得到一个返回值，而子过程只是执行一系列动作，没有返回值。

对于函数过程的返回值有以下三种情况需要关注。

（1）定义一个函数过程，应该有返回值作为处理结果的反馈。例如：

```
Private Function getCircularS (r As Single) As Single
    Dim pai As Single, s As Single
    pai = 3.1415926
    s = pai * r ^ 2
    getCircularS = s
End Function
```

该函数过程是一个计算圆面积的函数，算出圆面积后，将结果由返回值反馈给调用它的主程序。

（2）若返回值赋值代码不在程序块的最后，需注意是否有次序上的逻辑错误，例如：

```
Private Function getCircularS (r As Single) As Single
        Dim pai As Single, s As Single
        pai = 3.1415926
        getCircularS = s
        s = pai * r ^ 2
End Function
```

还没有算出面积就对返回值进行了赋值，显然无法返回正确答案。

（3）若没有明确给返回值赋值，系统会给予一个默认的返回值。例如：

```
Private Function getCircularS (r As Single)
        Dim pai As Single, s As Single
        pai = 3.1415926
        s = pai * r ^ 2
End Function
```

函数的返回值为 Variant 类型的空值，虽然没有语法上的错误，但没有实现函数的预定功能。

3. 过程中形参与实参的值传递

在过程中，跟在过程名后面的参数列表称为形式参数（形参），实参则是调用过程时需要用来处理的真实数据或变量。在使用中有两个方面需注意。

（1）过程调用时，实参与形参在位置、类型上必须一一对应。

例如，定义一个比较函数，形参 a、b 作为比较值，比较后输出较大的一个。

```
Private Function cmp2Factor(a As Integer, b As Integer) As Integer
        Dim max As Integer
        If a > b Then max = a Else max = b
        cmp2Factor = max
End Function
```

在主程序调用中，必须明确给形参 a、b 赋对应类型的值。调用方式如下：

```
Dim s As Integer
s = cmp2Factor(3, 21)
```

若将 s = cmp2Factor（3, 21）　改为　s = cmp2Factor（“三”, 21），则会报“错误 13，类型不匹配”。

（2）按值传递与按地址传递的常见问题。

按地址传递（ByRef）时，把实参变量的地址传送给被调用过程，形参和实参共用内存的同一地址。在被调用过程中，形参的值一旦被改变，相应实参的值也跟着改变（注，如果实参是一个常数或表达式，按“按值传递”方式来处理）。

按值传递（ByVal）时，将实参变量的值复制到临时存储单元中，在调用过程中，以“副本”的形式与过程中的形参进行内存地址共享。此后，实参与形参之间不再有任何关系。所以如果在调用过程中改变了形参的值，不会影响实参变量本身。例如：

```
Private Sub mySub(ByVal a As Integer, ByRef b As Integer)
    a = 21:   b = 31
    Print "a=" & a
    Print "b=" & b
End Sub
Private Sub Command1_Click()
    Dim x As Integer, y As Integer
    x = 5:   y = 7
    Call mySub(x, y)
    Print "x=" & x              '此时 x = 5
    Print "y=" & y              '此时 y = 31
End Sub
```

上例中，若子过程内 a、b 的值都被改变，则主程序内作为按值传递的变量 x 不受影响，而按地址传递的变量 y 则会改变。

注意　VB 默认的缺省传递方式就是按地址传递，如果将这种方式显性声明出来，那么在自定义的过程中，对形式参数声明前加 ByRef 关键字。

实际使用中，若子过程（Sub）和函数过程（Function）的形参使用 ByRef 传递方式，则可以达到利用实参变量返回值的效果。

4. 变量在模块中的生存期问题

在模块代码的过程外声明的变量将在整个模块中有效，称为模块级变量。在某过程内部定义的变量称为局部变量，局部变量只有在该过程中有效，离开该过程，局部变量消失。但若在同一模块的子过程中定义与模块级变量同名的局部变量，则该模块内只认就近变量（局部变量）。例如：

```
Dim a As Integer                '①模块级变量，初始化值为 0
Private Sub mySub1()
    Dim a As Integer            '局部变量，初始化值为 0
    a = 43
End Sub
Private Sub mySub2()
    a = 25
End Sub
```

```
Private Sub mySub3()
    Print a
End Sub
```

执行结果：

（1）先调用子过程 mySub1，再调用 mySub3 时，输出 0。

（2）先调用子过程 mySub2，再调用 mySub3 时，输出 25。

注意　若上例中代码行①处，没有声明 Dim a As Integer。VB 程序在运行到子过程 mySub2、mySub3 时不会因为没有变量 a 而报错，它会自动声明一个 Variant 的局部变量 a。但这不是模块级变量，当离开此子过程后，将失效。换句话说，在子过程或函数过程中，未经声明直接引用的变量，只在本过程中有效。

5. 函数过程、子过程提前退出问题

与循环语句的 Exit For 相似，过程中也有提前退出过程的语句。针对函数过程（Function），该语句为 Exit Function；针对子过程（Sub），该语句为 Exit Sub。其用法举例如下：

```
Private Function getCircularS2 (r As Single) As Single
    Dim pai As Single, s As Single
    If r < 0 Then Exit Function
    pai = 3.1415926
    s = pai * r ^ 2
    getCircularS2 = s
End Function
```

当调用函数过程 getCircularS2 时，传递的参数 r 作为圆半径，若为负数，则不做后续的圆面积运算，直接用 Exit Function 语句退出此函数。Exit Sub 语句的作用方法与此类似。

5.4　自 测 题 五

一、单选题

1. Visual Basic 语言默认的过程参数传递机制是（　　）。

   A. 按地址传递　　B. 按值传递　　C. 按属性传递　　D. 按名称传递

2. 在过程调用中，可以选用的参数传递方式是（　　）。

   A. ByName　　B. ByVal　　C. ByLength　　D. BySize

3. 下面过程语句说明合法的是（　　）。

   A. Sub f1（ByVal n%（））　　B. Sub f1（n%） As Integer

   C. Function f1%（f1%）　　D. Function f1%（ByVal n%）

4. Function 过程的定义，不必须有的是（　　）。

A. 过程的名称　　B. 形参表　　C. End Function　　D. 给过程赋值

5. 下列关于过程叙述不正确的是（　　）。

A. 过程的传值调用是将实参的具体值传递给形参

B. 过程的传址调用是将实参在内存的地址传递给形参

C. 过程的传值调用参数是单向传递的，过程的传址调用参数是双向传递的

D. 无论过程传值调用还是过程传址调用，参数传递都是双向的

6. 要使过程调用后返回两个参数 s 和 t 的值，下列正确的过程定义语句是（　　）。

A. Sub MySub1（ByRef s,ByVal t）　　B. Sub MySub1（ByVal s,ByVal t）

C. Sub MySub1（ByRef s,ByRef t）　　D. Sub MySub1（ByVal s,ByRef t）

7. 以下关于函数过程的叙述中，正确的是（　　）。

A. 函数过程形参的类型与函数返回值的类型没有关系

B. 在函数过程中，过程的返回值可以有多个

C. 当数组作为函数过程的参数时，既能以传值方式传递，又能以传址方式传递

D. 如果不指明函数过程参数的类型，则该参数没有数据类型

8. 在过程中定义的变量，若希望在离开该过程后，还能保存过程中局部变量的值，应该用（　　）关键字在过程中定义局部变量。

A. Dim　　B. Private　　C. Public　　D. Static

9. 在 Visual Basic 应用程序中，以下正确的描述是（　　）。

A. 过程的定义可以嵌套，但过程的调用不能嵌套

B. 过程的定义不可以嵌套，但过程的调用可以嵌套

C. 过程的定义和过程的调用均可以嵌套

D. 过程的定义和过程的调用均不能嵌套

10. 下列叙述中正确的是（　　）。

A. 在窗体的 Form Load 事件过程中定义的变量是全局变量

B. 局部变量的作用域可以超出所定义的过程

C. 在某个 Sub 过程中定义的局部变量可以与其他事件过程中定义的局部变量同名，但其作用域只限于该过程

D. 在调用过程中，所有局部变量被系统初始化为 0 或空字符串

二、判断题

1. 函数过程与子过程的主要区别是，函数过程可以提供一个返回值，而子过程不提供返回值。（　　）

2. 在 Visual Basic 应用程序的标准模块中，不能使用命令按钮、文本框等控件。（　　）

3. 在窗体的过程或函数中，未经声明直接引用的变量，只在本过程或函数中有效。（　　）

4. 在窗体的过程或函数中用 Dim 语句声明的变量，在该窗体的所有过程或函数中都有效。(　　)
5. 关键词 ByVal 表明参数按数值传递，ByRef 表明参数按地址传递，在 VB 中，如省略关键词，默认按地址传递。(　　)
6. 事件触发过程由某个用户事件或系统事件触发执行，不能被其他过程调用。(　　)
7. 模块级变量只能用 Private 关键字定义。(　　)

三、程序填空题

1. 将文本框 Text1 中的长字符串在图片框 Picture1 中显示输出。若字符串的长度不超过规定的长度 n，则全部输出；若字符串长度超过 n，则只输出开始的 n 个字符（一个汉字算 2 个字符），并在结尾处输出“…”，如图 5.4 所示。

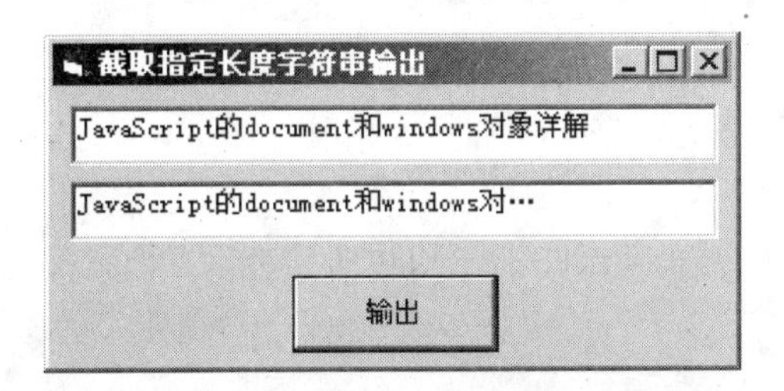

图 5.4　截取字符串长度

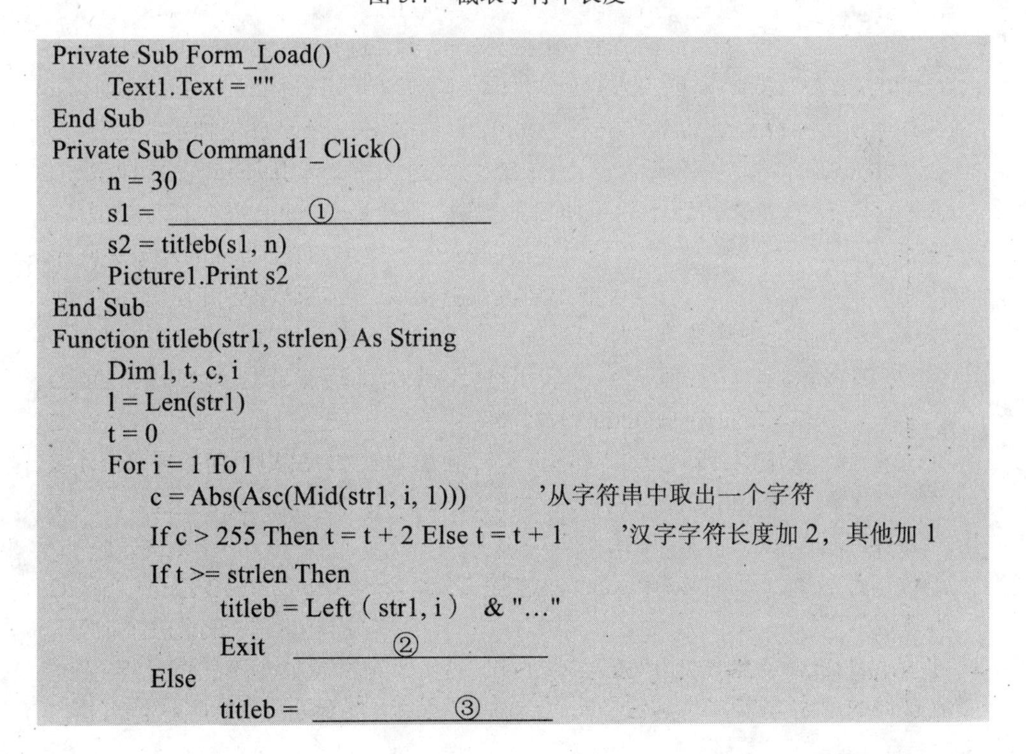

```
Private Sub Form_Load()
    Text1.Text = ""
End Sub
Private Sub Command1_Click()
    n = 30
    s1 = ______①______
    s2 = titleb(s1, n)
    Picture1.Print s2
End Sub
Function titleb(str1, strlen) As String
    Dim l, t, c, i
    l = Len(str1)
    t = 0
    For i = 1 To l
        c = Abs(Asc(Mid(str1, i, 1)))          '从字符串中取出一个字符
        If c > 255 Then t = t + 2 Else t = t + 1      '汉字字符长度加 2，其他加 1
        If t >= strlen Then
            titleb = Left（str1, i） & "..."
            Exit ______②______
        Else
            titleb = ______③______
```

```
        End If
    Next
End Function
```

2. 下面程序功能是计算 1! + 3! + 5! + 7! + 9! 的值。

```
Private Sub Form_Click()
    Sum = 0
    For i = 1 To 9 ______①______
        Sum = Sum + ______②______
    Next i
    Print Sum
End Sub
Private Function dg(x) As Single
    If x = 1 Then dg = 1 Else dg = x * dg(x – 1)
End Function
```

3. 程序的功能是求 1！+2！+…+n!。

```
Private Sub Form_Click()
    n = Val(Text1.Text)
    For i = 1 To n
        Sum = Sum + ______①______
    Next i
    Label1.Caption = Sum
End Sub
Private Function fun(k As Double) As Double
    Dim f As Double
    f = 1
    For i = 1 To k
        f = f * i
    Next i
    fun =______②______
End Function
```

四、程序阅读题

1. 阅读下面程序

```
Function Fact(X)
    Prod = 1
    For k = 1 To X
        Prod = Prod * k
    Next k
    Fact = Prod
End Function
```

```
Private Sub Command1_Click()
    N = Val(Text1.Text)
    Sum = 0
    For k = 1 To N
        Sum = Sum + Fact(k)
    Next k
    Label1.Caption = Sum
End Sub
```

运行时，在文本框 Text1 中输入非零的正整数 N，若按命令按钮 Command1，则在标签框 Label1 中显示的结果是（　　）。

A. N!　　B. 1!+2!+ ⋯ +N!　　C. 1+2+⋯+N　　D. 1+2+ ⋯ +N+N!

2. 执行下述程序后，窗体上显示的内容是（　　）。

```
Private Sub Command1_Click()
    a = 3: b = 5: c = 7
    Call Test(a, b, c)
End Sub
Private Sub Test(ByVal c As Integer, ByVal a As Integer, ByVal b As Integer)
    Print a; b; c
End Sub
```

A. 3　5　7　　B. 7　5　3　　C. 7　3　5　　D. 5　7　3

3. 单击命令按钮 Command1，窗体上输出的结果是（　　）。

```
Private Sub Command1_Click()
    x = 3:   y = 4
    Call Test(x, y)
    Print x; y
End Sub
Private Sub Test(var1, var2)
    var1 = var1 ^ 2
    var2 = var2 ^ 2
    var3 = Sqr(var1 + var2)
    Print var3;
End Sub
```

A. 5　3　4　　B. 5　9　16　　C. 25　3　4　　D. 25　9　16

4. 下面程序运行后，先在文本框 Text1 中输入 6，然后单击命令按钮 Command1，窗体上显示的计算结果是（　　）。

```
Private Sub Command1_Click()
    n = Val(Text1.Text)
    If n \ 2 = n / 2 Then
        f = f1(n)
    Else
        f = f2(n)
    End If
    Print f; n
End Sub
```

```
Public Function f1(ByRef x)As Integer
    x = x * x
    f1 = x + x
End Function
Public Function f2(ByVal x)As Integer
    x = x * x
    f2 = x + x + x
End Function
```

A.　18　6　　B. 18　36　　C. 24　6　　D. 72　36

5. 在窗体上先画一个命令按钮，然后编写如下事件过程，运行后,单击命令按钮，输出结果为（　　）。

```
Sub S(x As Single, y As Single)
    t = x:     x = t / y:     y = t Mod y
```

```
End Sub
Private Sub Command1_Click()
    Dim a As Single, b As Single
    a = 5:    b = 2
    Call   S(a, b + 2)
    Print a, b
End Sub
```

A. 5　4　　B. 1　1　　C. 1.25　4　　D. 1.25　2

第 6 章　窗体与常用控件

6.1　学 习 目 标

【理解】

1. 窗体的常用属性、方法和事件（Click、Load、MouseDown、MouseUp、MouseMove、Resize 和 KeyPress）。
2. 标签、文本框和命令按钮在应用程序界面上的作用及属性设置方法，事件过程代码书写。
3. 列表框、组合框选项的添加、删除和使用。
4. 定时器的重要属性与定时控制作用。
5. 图片框和图像框。

【掌握】

1. 根据任务求解与人机交互的需要，灵活运用各种控件组合设计出应用程序界面。
2. 编写被使用控件的事件过程代码，使多个事件过程协同完成计算任务。

6.2　习 题 解 答

一、简答题

1. 在 VB 中主要使用以下两种方法对列表框添加选项：
   - 使用属性窗口。在属性列表中选择 List 属性，直接添加选项内容，并使用“Ctrl + 回车”进行下一条选项的输入。
   - 使用代码添加。如 List1.AddItem "早上好!"。
2. Change 事件在滚动条的 Value 属性值发生改变时触发（即拖动滑块或单击滚动条的箭头或滚动条中的空白区域），Scroll 事件只是在拖动中间的滑动块时触发。
3. 最少需一个定时器，Interval 属性设为 1000。每次 Timer 事件表示 1 秒，60 次和 3600 次的整倍数表示分和小时。
4. 程序运行时，标签控件不能获得焦点，文本控件可以得到焦点进行重新赋值。也就是说，标签控件在运行后不能通过直接输入的方式修改其显示的内容，而文本控件可以在运行时直接修改。

5. 有以下 3 种常用的方法：
   - 直接修改属性：在 Picture1 的属性列表中选择 Picture 属性，单击 Delete 删除已载入的图片；
   - 使用代码删除：Picture1.Picture = LoadPicture（""）；
   - 替换法：若 Picutre2 中的图片为空，则 Picture1.Picture = Picture2.Picture。
6. 如果希望将已经存在的若干控件放在某个框架中，可以先选择所有控件，将它们剪贴到剪贴板上，然后选定框架控件并把它们粘贴到框架上（不能直接拖动到框架中）；也可以先添加框架，然后选中框架，再在框架中添加其他控件；
   在框架中建立的控件和框架形成一个整体，可以同时被移动、删除。如果将控件选中后直接拖动到框架中，这些控件的载体不是框架而是窗体，框架无法对这些控件进行分组。
7. VB 工具箱中的常用控件见表 6.1。

表 6.1　VB 工具箱中的常用控件

功能	控件类名	控件类名	说明
数据输入	文本框	TextBox	输入文本
选择输入	单选按钮	OptionButton	多个按钮中选一个
	复选框	CheckBox	多个选项中选多个
	列表框	ListBox	列表中选择一个或多个
	组合框	ComboBox	文本框与列表框的组合
	水平滚动条	HScrollBar	水平滚动来选择
	垂直滚动条	VScrollBar	垂直滚动来选择
命令输入	命令按钮	CommandButton	单击执行操作
数据输出	标签	Label	显示文本
图像输出	图片框	PictureBox	图片显示与操作
	图像框	Image	图像显示
图形输出	线段	Line	显示线段
	图形形状	Shape	显示图形
控件分组	框架	Frame	控件分组

8. 窗体、图片框和框架都是控件容器，即在这些控件内可以放置其他控件，它们形成一个整体，一起随容器移动或删除。容器中的单选按钮互相排斥。

二、上机练习题

1. 在图片框中显示文字。如图 6.1 所示，在窗体上画出一个图片框 Picture1。程序运行后，单击 Picture1，则将 Picture1 的背景设置为白色，并在其中以 20 号黑体显示“欢迎进入 VB 世界！”。若单击窗体，则清除 Picture1 中的文字内容。

【思路分析】

本题只要掌握图片框的几个常用属性和方法就可以很轻松地解决。

背景颜色：BackColor

字号和字体：FontSize、FontName

输出字符和清除：Print、Cls

【参考代码】略。

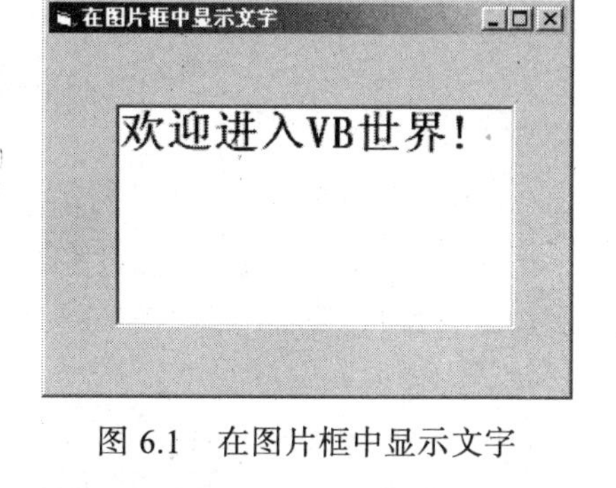

图 6.1　在图片框中显示文字

2. 简易四则运算。如图 6.2 所示，输入第一个数和第二个数之后，单击图中任意一个单选按钮，就能按单选按钮的指示完成计算，并在“计算结果：”标签中输出结果（当第二个数为 0，并且选择除法运算时，则显示“除数为 0，计算无效”）。

图 6.2　简易四则运算

【思路分析】

单击任意单选框即进行计算并显示结果，因此判断操作类型、进行计算、显示结果的过程都应该在单选框事件中完成。同时，这四个单选框的功能相似，都是进行算术运算，不妨创建一个单选框控件数组，以 Index 参数来区分该作何种运算，可以使程序结构更加清晰。注意，“计算结果：”下应该用标签而不是文本框。

【参考代码】

```
Private Sub Option1_Click(Index As Integer)
    Select Case Index
        Case 0
            Label3.Caption = Val(Text1.Text) + Val(Text2.Text)
        Case 1
            Label3.Caption = Val(Text1.Text) – Val(Text2.Text)
        Case 2
            Label3.Caption = Val(Text1.Text) * Val(Text2.Text)
        Case 3
            If Val(Text2.Text)<> 0 Then
                Label3.Caption = Val(Text1.Text) / Val(Text2.Text)
            Else
                Label3.Caption = "除数为 0，计算无效"
            End If
    End Select
End Sub
```

3. 程序补充题。简易点菜系统如图 6.3 所示，单击左侧列表框中任意菜名，被单击菜名及价格就依次出现在右侧图片框中（允许重复选择，选择之后不能退回），单击“结帐”按钮就计算出总价，也在图片框中输出。

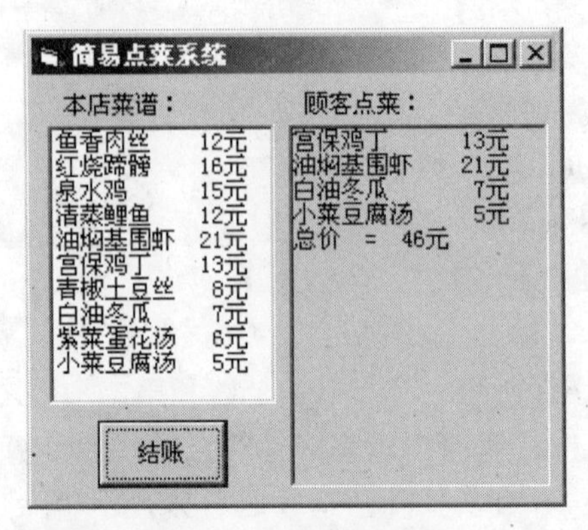

图 6.3 简易点菜系统

```
Dim sum As Integer
Private Sub Command1_Click()
    Picture1.Print "总价 = "; sum; "元"
End Sub
Private Sub List1_Click()
    s = List1.Text
    n = InStr(s, " ")
    price = ______①______
    Picture1.Print s
    sum = ______②______
End Sub
```

【思路分析】

完成这类程序补充题（也叫程序填空题）有两个要点：

- 仔细阅读题干，明确程序要实现的功能；
- 分析代码，明确需要补充的那一行代码的任务。

例如本题，程序要实现的是根据点的菜单，取出每道菜的单价，再计算出总价，并显示在图片框中。语句①是计算单价，语句②是求和（总价）。

【参考答案】略。

4. 编写程序控制图片水平运动，如图 6.4 所示，在定时器控件 Timer1 的作用下，使窗体上的图片能在窗体上沿水平方向来回移动。当图片在窗体的一侧完全消失后，则自动改变方向，朝相反方向移动；开始按钮控制定时器作用与否（Enabled）；滑动条控制移动速度及 Timer1 的 Interval 属性。

图 6.4　控制图片水平运动

【思路分析】

分析题意，程序应该由以下四个事件过程组成：

- 窗体加载，设置初始值；
- 单击命令按钮，控制 Timer 控件生效或失效；
- 滚动条数值改变，控制 Timer 控件的 Interval 属性（即频率）；
- Timer 事件，改变图片框控件坐标，使之移动。

【参考代码】

```
Dim x As Integer, t As Integer
Private Sub Form_Load()
    Timer1.Interval = 100               '设置状态定时器初始频率为 0.1 秒/次
    Timer1.Enabled = False              '设置状态定时器初始状态为不可用
    x = 50                              '设置图片框控件每次移动的距离
End Sub
Private Sub HScroll1_Change()
    '当滚动条的值变化时，Timer 的频率也随之改变
    Timer1.Interval = HScroll1.Value
End Sub
Private Sub Timer1_Timer()
    Picture1.Left = Picture1.Left + x
    If Picture1.Left >= Me.ScaleWidth - Picture1.Width Or_
            Picture1.Left < 0 Then x = -x
End Sub
Private Sub Command1_Click()
    Timer1.Enabled = Not Timer1.Enabled
End Sub
```

5. 程序调试题。下述程序在设计时，需要在窗体上加载定时器控件 Timer1 和图片框

控件 Picture1。为了调试程序方便，图片框中可以加载一个任意的图片。程序的预期功能是：程序运行后，图片框 Picture1 开始贴近窗体边框（但不超出窗体边框）按顺时针方向进行圆周运动。要求圆周运动能长时间持续进行。单击窗体空白处，可使图片框运动暂停；若重复单击窗体，则在“运动”状态和“暂停”状态之间来回切换。

```
Private Sub Form_Click()
    Timer1.Enabled = False
End Sub
Private Sub Form_Load()
Dim X1 As Integer, Y1 As Integer, T As Integer
    Timer1.Enabled = True
    Timer1.Intervol = 50
    X1 = (Me.ScaleWidth - Picture1.Width)\ 2
    Y1 = (Me.ScaleHeight - Picture1.Height)\ 2
End Sub
Private Sub Timer1_Click()
    Picture1.Left = X1 *(1 + Cos(T * 3.14159 / 180))
    Picture1.Height = Y1 *(1 + Sin(T * 3.14159 / 180))
    T = T + 20
End Sub
```

程序中存在多处错误。请改正程序中的错误，使之实现预期的功能。改错时，不得增加或删除语句。

【思路分析】

完成这类程序改错题，有三个要点：

- 仔细阅读题干，明确程序要实现的功能；
- 分析代码，明确需要补充的每一行代码的任务；
- 密切关注容易出现错误的环节，比如定义变量时的数据类型，赋值语句右边的表达式，变量或者属性的初值等。

【参考答案】略。

6. 垂直展开图片。设计界面如图 6.5 所示，程序运行后，图片框 PictureBox1 不可见，鼠标拖动垂直滚动条滑块，图片沿垂直方向展开或收缩，且展开的程度与滑块位置保持对应（初始条件在窗体加载事件过程中设置，图片自选）。

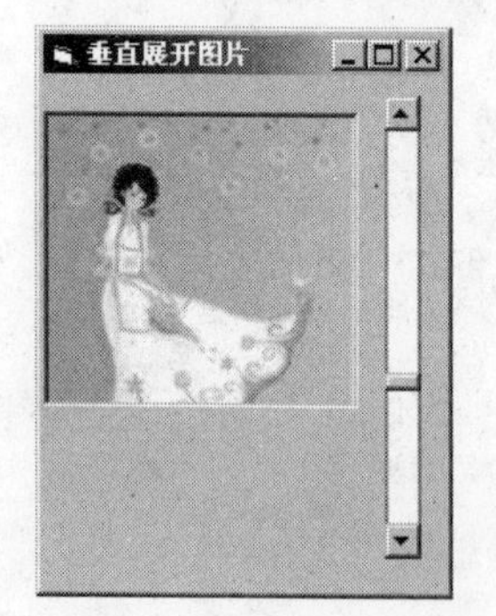

图 6.5　垂直展开图片

【思路分析】

本题比较简单，只需要将图片框的高度与垂直滚动条的变化数值联系起来就可以了。

值得注意的是滚动条事件的选择。滚动条常用事件有两个：Chang 事件和 Scroll 事件。当滚动条的滑块被拖动，两个事件都会发生，不过时机不一样：Chang 事件发生在拖动过程结束之后；Scroll 事件发生在拖动过程的同时。

根据题意，本题选择 Scroll 事件显然比较合适。

【参考代码】

```
Private Sub Form_Load()
    Picture1.AutoSize = True                '设置图片框自动适应图片大小
    VScroll1.Max = Picture1.Height          '滚动条最大值为图片框原始高度
    Picture1.Visible = False                '设置图片框控件初始高度为 0
End Sub
Private Sub VScroll1_Scroll()
    If VScroll1.Value > 0 Then Picture1.Visible = True Else Picture1.Visible = False
    Picture1.Height = VScroll1.Value
End Sub
```

说明　图片框控件的高度是不能为 0 的，最小值是 15Twip，即 1 像素。因此，只能用 Visible 属性来控制它是否可见。

6.3　常见错误与难点分析

1. 窗体事件过程的发生次序

VB 采用事件驱动机制，程序代码由多个事件过程构成，每个事件执行各自不同的任务。单就窗体而言，相关的事件有六个，窗体从启动到关闭的发生次序为：Initialize（初始化）→ Load（加载窗体）→ Resize（设置窗体显示尺寸）→ Activate（激活窗体，等待其他事件过程被调用）→ QueryUnload（卸载查询）→ Unload（卸载窗体，退出程序）。

2. 有些控件可以用名称代表其属性，有些则不行

在程序中，常会使用某种控件的名称代替它的一种属性，如 Text1 = "重庆"，其完整写法应该是 Text1.Text = "重庆"，这里省略了文本框控件的 Text 属性。可以这样写的原因是部分控件具有各自的默认属性，也就是说，使用控件名称进行简写，能够且仅能够表达这个控件的一种特点属性。常用的控件默认属性有：

- 标签的默认属性是 Caption；
- 命令按钮的默认属性是 Value；
- 文本框的默认属性是 Text。

3. 单击鼠标所触发的事件及次序

单击控件或窗体不同，鼠标事件的发生次序也不同：

• 当用户在标签、文本框或窗体上单击鼠标时，触发的事件有 MouseDown → MouseUp → Click；

• 当用户在命令按钮上单击鼠标时，触发的事件有 MouseDown → Click → MouseUp；

• 当用户在标签、文本框或窗体上双击鼠标时，触发的事件有 MouseDown→ MouseUp→ Click→DblClick→ MouseUp；

• 若鼠标落下移动一段距离后抬起，触发的事件有 MouseDown→MouseMove→ MouseUp→Click。

4. 命令按钮的 Picture 属性中设置了图片，但执行时却并未显示

这是因为在命令按钮上显示图片，需要对其 Style 属性进行设置，只有当 Style=1 或 Style=Graphical 时，才可以显示图片。在命令按钮中有多个图片属性可以用来显示不同状态的图片，分别是 Picture（默认状态）、DownPicture（鼠标落下时）、DisablePicture（该控件无效时，即 Command1.Enabled =False）。

5. 定时器在程序运行时不起作用

检查一下是否忘记了设置定时器控件的 Interval 属性。当定时器的 Enabled 属性为 False 或者 Interval 属性为 0 时，定时器的 Timer 事件过程不会被调用，而 Interval 属性初始值就是 0。

6. 如何改变程序中的鼠标形状

鼠标的形状由窗体或者某些控件的 MousePointer 属性决定。该属性取值范围为 [0,15]或者 99，99 表示通过 MouseIcon 属性来指定自定义图标。例如，要将图片框 Picture1 中的图片设置为鼠标的形状，可以使用语句：

```
Form1.MousePointer = 99
Form1.MouseIcon = Picture1.Picture
```

当然也可以直接将图标文件的路径赋值给 MouseIcon 属性。

6.4　自 测 题 六

一、单选题

1. VB 程序在启动时将触发的窗体（Form）事件是（　　）。

A. Click　　B. Unload

C. DblClick　　D. Load

2. VB 程序的窗体工作区大小为 800 × 600，若属性 Width = 200，Height = 160 的 PictureBox 位于窗口的正中央，则其（　　）。

A. Left = 200；Top = 140　　B. Left = 300；Top = 140

C. Left = 300；Top = 220　　D. Left = 400；Top = 220

3. 要在命令按钮 Commandl 表面显示图片，可设置 Commandl 的 Picture 属性，还必须设置 Commandl 的（　　）。

A. Command1.Apearance = Flat　　B. Command1.Visible = True

C. Command1.Style = Graphical　　D. Command1.Enble = True

4. VB 程序在结束时自动触发的窗体 Form 事件是（　　）。

A. Click　　B. Unload

C. DbClick　　D. Load

5. 图片框中同时有用 LoadPicture 函数装入的背景图像和用 Line 方法绘制的图形，Picture1.Cls 方法可清除的图形为（　　）。

A. 装入的背景图形

B. 装入的背景图形和绘制的图形

C. 绘制的图形

D. 装入背景图形和绘制的图形都不能清除

6. 在二个框架 Frame1 和 Frame2 中各有一组单选按钮 OptionButton，其作用为(　　)。

A. 两组单选按钮中只有一个能被选中

B. 因有两组单选按钮，无一可被选中

C. 两组单选按钮中各有一个能被选中

D. 两组单选按钮中各有一个以上的能被选中

7. 定时器（Timer）控件触发 Timer 事件触发过程的时间间隔为（　　）。

A. 每秒触发一次

B. 每隔 Interval 属性中设定的时间间隔触发一次

C. 每毫秒触发一次

D. 每隔由 Windows 系统设定的时间间隔触发一次

8. 按下鼠标左键或右键，能够区分鼠标左、右键的事件是（　　）。

A. Click　　B. DblClick　　C. MouseDown　　D. DragDrop

9. 下列控件中，只有（　　）可以使用 Print 方法。

A. Label　　B. TextBox　　C. Image　　D. PictureBox

10. 当定时器的 Interval 属性设置为 100 时，每秒产生（　　）个 Timer 事件。

A. 100　　B. 50　　C. 20　　D. 10

11. 若要禁止窗体被移动，则必须设置窗体的（　　）属性为 False。

A. Move　　B. Movable　　C. Visible　　D. DrawMode

12. 用来设置窗体坐标度量单位的属性是（　　）。
    A. AutoSize　　B. FontSize　　C. ScaleWidth　　D. ScaleMode
13. 若要将某个命令按钮设置为默认命令按钮，则应设置它的（　　）属性为 True。
    A. Value　　B. Cancel　　C. Enabled　　D. Default
14. 若要使某个命令按钮获得焦点，则应使用（　　）方法。
    A. Refresh　　B. SetFocus　　C. GotFocus　　D. LostFocus
15. 在下列控件属性中，（　　）是任何控件都必须具有的属性。
    A. Caption　　B. Text　　C. Icon　　D. Name
16. 命令按钮 Command1 的属性 Command1.Enabled = False，Command1.Visible = True，在运行时单击该命令按钮，效果是（　　）。
    A. 该命令按钮不可见，无法单击该命令按钮
    B. 该命令按钮不可见，但单击该命令按钮（在其应该所在的位置）有效
    C. 该命令按钮可见，但呈现灰色，单击该命令按钮无效
    D. 该命令按钮可见，但呈现灰色，单击该命令按钮有效
17. 单击滚动条两端的任一个滚动箭头，将触发该滚动条的（　　）事件。
    A. Scroll　　B. KeyDown　　C. Change　　D. DragOver
18. 在下列属性中，定时器（Timer）**不可能**拥有的属性是（　　）。
    A. Visible　　B. Interval　　C. Enabled　　D. Left
19. 文本框（TextBox）控件所能容纳的最大字符长度为（　　）。
    A. 255　　B. 2048　　C. 32K　　D. 没有限制
20. 为了使文本框（TextBox）能够显示多行文字，必须设置的关键属性是（　　）。
    A. MaxLength > 0　　B. MultiLine = True
    C. ScrollBars = Both　　D. BorderStyle = None

图 6.6

21. 在图 6.6 所示程序中，为“打开文件”按钮 Command1 设置热键，应设置命令按钮的属性 Command1. Caption =（　　）。
    A. "打开文件（&F）"　　B. "打开文件（&F）"
    C. "打开文件（*F）"　　D. "打开文件（#F）"
22. 在窗体上画出一个名为 HScroll1 的水平滚动条和一个名为 Label1 的标签。要想通过改变滚动条滑块的位置来调节标签中显示文字的大小，可满足此功能的语句是（　　）。
    A. Label1.FontName = HScroll1.Max　　B. Label1.FontSize = HScroll1.Min
    C. Label1.FontSize = HScroll1.Value　　D. Label1.FontBold = HScroll1.Value
23. 给列表框 List1 增加一个列表项的正确方法是（　　）。
    A. List1 = Add "计算机"　　B. List1. Add "计算机"

C. List1 = AddItem "计算机"　　D. List1. AddItem "计算机"

24. 下列程序运行后单击命令按钮 Command1，则执行的操作为（　　）。

```
Private Sub Command1_Click（ ）
    Move 500,500
End Sub
```

A. 命令按钮移动到距窗体左边界、上边界各 500 的位置

B. 窗体移动到距屏幕左边界、上边界各 500 的位置

C. 命令按钮向左、上方向各移动 500

D. 窗体向左、上方向各移动 500

25. 运行程序时，要在图片框中显示字符串"Good Morning"，应使用语句（　　）。

A. Picture1.Picture=LoadPicture（Good Morning）

B. Picture1.Picture=LoadPicture（"Good Morning"）

C. Picture1.Print "Good Morning"

D. Me.Print "Good Morning"

26. 下面不是窗体方法的是（　　）。

A. Cls　　B. Click　　C. Print　　D. Move

27. 清除列表框的所有选项，应该使用的方法是（　　）。

A. Clear　　B. AddItem　　C. Remove　　D. ReFresh

28. 单选按钮（OptionButton）被选中时，其 Value 属性的值是（　　）。

A. True　　B. False　　C. 0　　D. 1

29. 在文本框中输入的数据，其默认的数据类型是（　　）。

A. Integer　　B. Single　　C. String　　D. Double

30. 设有如下程序。程序运行时，在不按住 Shift 键且键盘处于小写状态，如果敲击“A”键，则程序输出的结果是（　　）。

```
Private Sub Form_KeyDown(KeyCode As Integer, Shift As Integer)
    Print Chr(KeyCode);
End Sub
Private Sub Form_KeyPress(KeyAscii As Integer)
    Print Chr(KeyAscii)
End Sub
```

A. Aa　　B. aA　　C. AA　　D. aa

二、多选题

1. 学习控件时主要应该关注的内容是（　　）。

A. 控件的属性　　B. 控件的位置　　C. 控件的事件

D. 控件的方法　　E. 控件的大小

2. 将下列控件的 Style 属性设置为 1 后，能显示图像的控件有（　　）。
   A. 命令按钮 CommandButton　　B. 单选按钮 OptionButton
   C. 文本框 TextBox　　D. 列表框 ListBox
   E. 复选框 CheckBox
3. 下列控件中，具有 Caption 属性的有（　　）。
   A. 文本框 TextBox　　B. 标签 Label　　C. 窗体 Form
   D. 图片框 PictureBox　　E. 框架 Frame
4. 可以作为容器（其他控件可放置其内部控件）的控件有（　　）。
   A. 图片框 PictureBox　　B. 图像框 Image　　C. 标签 Label
   D. 文本框 TextBox　　E. 框架 Frame
5. 可以在其表面显示图形的控件有（　　）。
   A. 图片框 PictureBox　　B. 图像控件 Image
   C. 复选框 CheckBox　　D. 命令按钮 CommandButton
   E. 单选按钮 OptionButton
6. 在图片框上画线的方法是在线段的起点按下鼠标左键，拖动鼠标，在线段终点松开鼠标左键，画出线段，该过程中触发的事件有（　　）。
   A. Click 事件　　B. MouseDown 事件　　C. MouseMove 事件
   D. DbClick 事件　　E. MouseUp 事件
7. 在窗体上按下鼠标右键，并立即松开，被触发的事件有（　　）。
   A. Click 事件　　B. DbClick 事件　　C. MouseDown 事件
   D. MouseMove 事件　　E. MouseUp 事件
8. 单击列表框 List1 中的一个列表项，能在标签 Label1 中显示该项内容的语句有（　　）。
   A. Label1 = List1.Text　　B. n = List1.ListIndex :　Label1 = List1. List(n)
   C. Label1 = List1　　D. Label1 = List1. List(List1. ListIndex)
   E. Label1 = List1. List(List1. Index)
9. 滚动条控件在程序运行时的功能为（　　）。
   A. 单击滚动条两端带三角形箭头的按钮时 Value 属性的值改变 SmallChange 值
   B. 单击滚动条滑块与两端按钮之间的位置时 Value 属性的值改变 LargeChange 值
   C. 滚动条的 Value 属性值一定大于或等于 Min 属性值且小于或等于 Max 属性值
   D. 水平滚动条滑块在最左端时 Value 属性等于 Min 属性值，最右端时等于 Max 值
   E. 垂直滚动条滑块在最下端时 Value 属性等于 Min 属性值，最上端时等于 Max 值
10. 形状控件 Shape 的控件图形可选为（　　）。
   A. 矩形 Rectangle　　B. 正方形 Square　　C. 椭圆 Oval
   D. 圆 Circle　　E. 圆角矩形 Round Rectangle

11. 能使窗体 Form1 不可见的语句有（　　）。
    A. Form1.Height = 0　　B. Form1.Width = 0
    C. Form1. Visible = 0　　D. Form1.BorderStyle = 0
    E. Form1.Hide
12. 为了使文本框 Text1 显示垂直滚动条，必须设置的属性值是（　　）。
    A. AutoSize = True　　B. MultiLine = True　　C. MaxLength = 20
    D. ScrollBars = Vertical　　E. BorderStyle = 1
13. 不能响应 Click 事件的控件是（　　）。
    A. 命令按钮 CommandButton　　B. 定时器 Timer
    C. 形状控件 Shape　　D. 水平滚动条 HScrollBar
    E. 垂直滚动条 VScrollBar
14. 若要清除图片框 Picture1 中已载入的图片内容，可以使用的语句是（　　）。
    A. Picture1.Del　　B. Picture1.Picture = LoadPicture（""）
    C. Picture1.Picture = LoadPicture（ ）　　D. Picture1.Picture = Nothing
    E. Picture1.Cls
15. 要清除文本框 Text1 中的全部内容，可以采用的语句有（　　）。
    A. Text1.Text=Space（0）　　B. Text1.Text=0　　C. Text1.Text=""
    D. Text1.Caption=""　　E. Textl.Cls
16. 下列关于定时器（Timer）的论述中，正确的是（　　）。
    A. 定时器可以放置在窗体工作区内的任何位置
    B. 通过设置 Width 和 Height 属性，可以将窗体上的定时器设置成任意大小
    C. 若设置定时器的 Visible 属性值为 True，则程序运行期间定时器在窗体上可见
    D. 定时器的 Interval 属性最大值为 65535
    E. 如果定时器的 Interval 属性值为 0，则定时事件不产生
17. 下列关于 Name 属性的叙述中，正确的是（　　）。
    A. 所有窗体和控件都有 Name 属性，其值不能为空
    B. 对象的 Name 属性指定对象的名称，用来标识一个对象
    C. Name 属性值必须以字母（或汉字）开头
    D. 标签的 Name 属性值是显示在标签标题（Caption）中的文本
    E. Name 属性值可以在属性窗口中修改，也可以通过代码来修改
18. 下列 Visual Basic 控件中，拥有 Picture 属性，能显示图片的有（　　）。
    A. 列表框 ListBox　　B. 文本框 TextBox　　C. 框架 Frame
    D. 命令按钮 CommandButton　　E. 复选框 CheckBox
19. 下列说法正确的是（　　）。
    A. 在默认情况下，放置在窗体上的控件的 Visible 属性值均为 False
    B. 设置控件的 Visible 属性为 False，则程序运行时控件不可见

C. 控件的 Visible 属性值可设为 True 或者 False
D. 将控件的 Visible 属性设置为 False，则控件已经不存在
E. 不是所有控件都有 Visible 属性

20. 使用滚动条时，若规定取值范围为 10~100，必须要设置的属性值是（　　）。
A. LargeChange　　B. SmallChange　　C. Value
D. Max　　E. Min

三、程序填空题

1. 按宽度 Width = 1000 的命令按钮 Command1 的左半侧使图片框 Picture1 无效，按右半侧使图片框 Picture1 不可见。

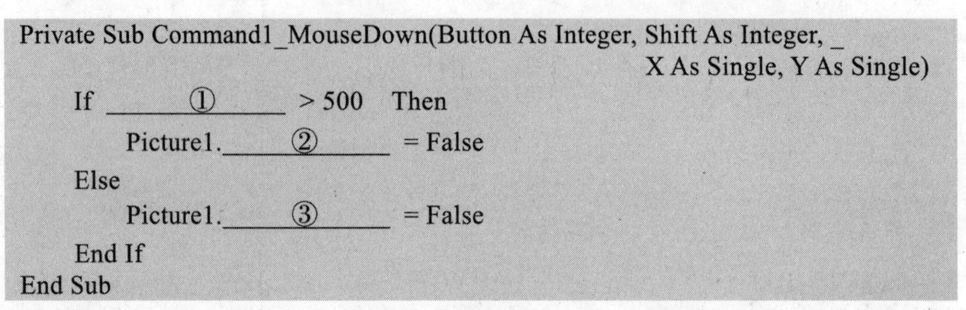

```
Private Sub Command1_MouseDown(Button As Integer, Shift As Integer, _
                                                X As Single, Y As Single)
    If ______①______ > 500   Then
        Picture1.______②______ = False
    Else
        Picture1.______③______ = False
    End If
End Sub
```

2. 滚动条数组 HScroll1(0)、HScroll1(1)、HScroll1(2)分别调节图片框 Picture1 背景色的红、绿、蓝分量。如图 6.7 所示。

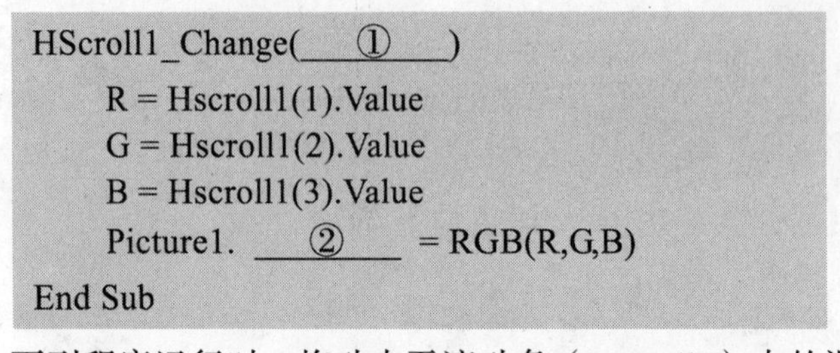

```
HScroll1_Change(____①____)
    R = Hscroll1(1).Value
    G = Hscroll1(2).Value
    B = Hscroll1(3).Value
    Picture1. ____②____ = RGB(R,G,B)
End Sub
```

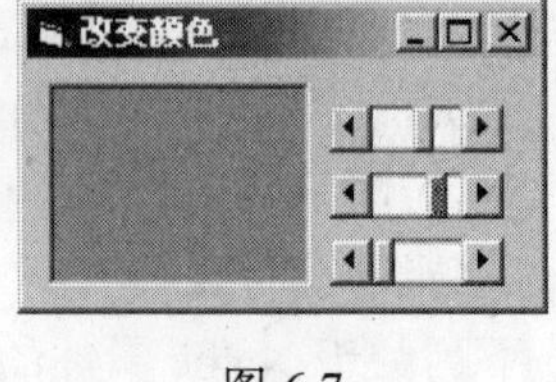

图 6.7

3. 下列程序运行时，拖动水平滚动条（Hscroll1）中的滑块，标签（Label1）中文字的大小就会相应地改变，并且始终位于窗体水平方向的中央位置。如图 6.8 所示。

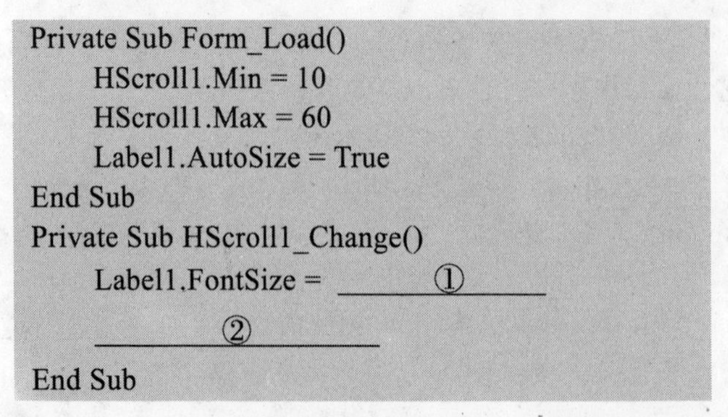

```
Private Sub Form_Load()
    HScroll1.Min = 10
    HScroll1.Max = 60
    Label1.AutoSize = True
End Sub
Private Sub HScroll1_Change()
    Label1.FontSize = ______①______
    ______②______
End Sub
```

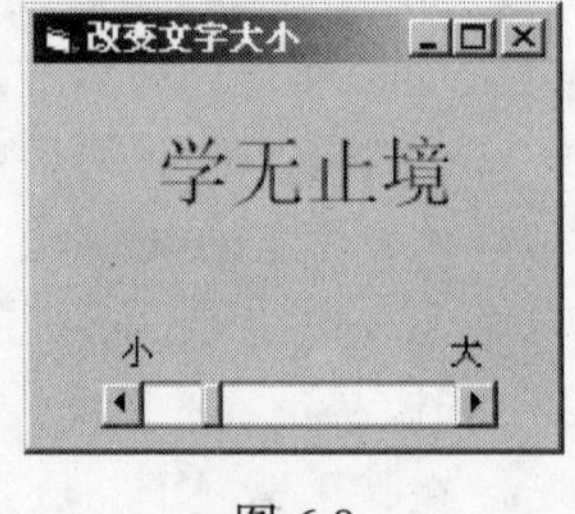

图 6.8

4. 在一组复选框中选定自己喜欢的水果，然后单击“确定”按钮 Command1，就能在图片框 Picture1 中输出所有被选定的项目。如图 6.9 所示。

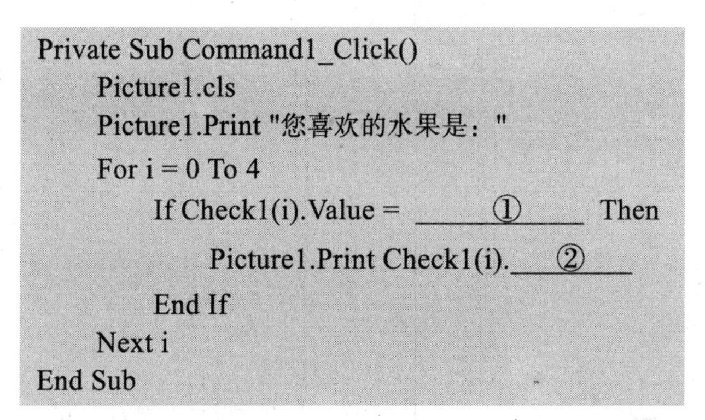

```
Private Sub Command1_Click()
    Picture1.cls
    Picture1.Print "您喜欢的水果是："
    For i = 0 To 4
        If Check1(i).Value = ____①____ Then
            Picture1.Print Check1(i).____②____
        End If
    Next i
End Sub
```

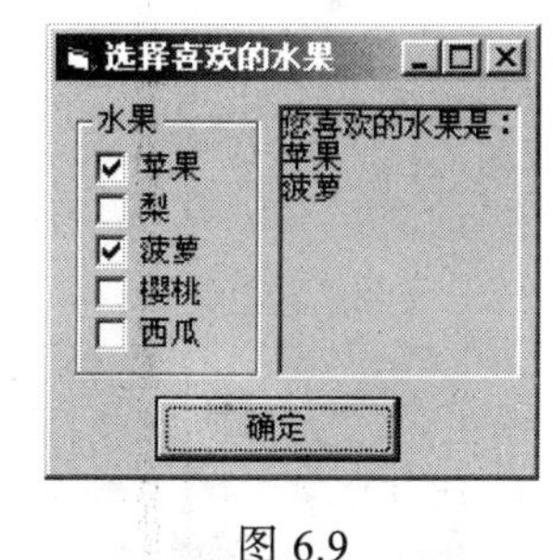

图 6.9

5. 下面程序功能是将文本框中字符串在图片框水平中心位置纵向输出。如图 6.10 所示。

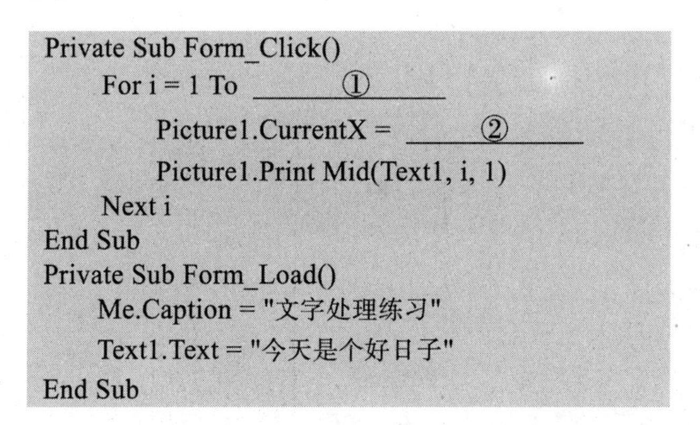

```
Private Sub Form_Click()
    For i = 1 To ____①____
        Picture1.CurrentX = ____②____
        Picture1.Print Mid(Text1, i, 1)
    Next i
End Sub
Private Sub Form_Load()
    Me.Caption = "文字处理练习"
    Text1.Text = "今天是个好日子"
End Sub
```

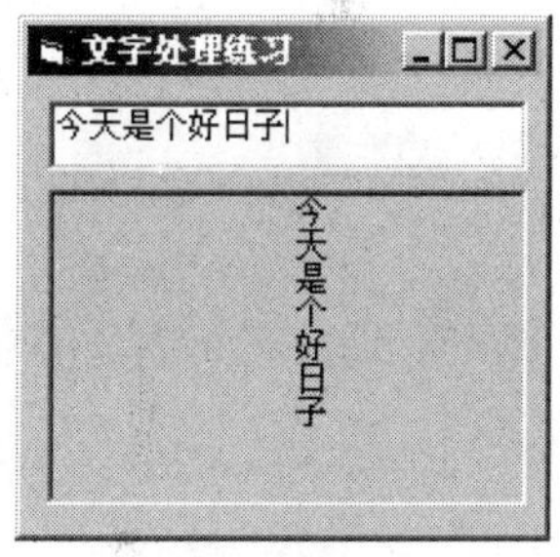

图 6.10

第7章 图形操作

7.1 学习目标

【了解】

1. 图形描述常用的计量单位。
2. 图形操作中的绘图属性。

【理解】

1. 绘图对象的坐标系统及自定义坐标系的方法。
2. 窗体和图片框中鼠标绘图时经常涉及的事件过程中的主要参数。

【掌握】

1. 窗体和图片框中常用的绘图方法（PSet、Line 和 Circle）。
2. 图形色彩定义的常用函数（RGB 和 QBColor）和颜色常量。
3. 鼠标事件在绘图中的应用。

7.2 习题解答

一、简答题

1. 语法：Object.Scale（x1, y1）-（x2, y2）。例如 Scale（-320,240）-（320,-240）定义了绘图区域大小为 640×480，坐标原点（0，0）在绘图区域中心。
2. Width 和 Height 属性对应的是整个对象的大小，ScaleWidth 和 ScaleHeight 属性对应的是对象的工作区大小，对象的 Width、Height 属性总是以 twip 为度量单位的，在对象大小不变时保持恒定，而 ScaleWidth 和 ScaleHeight 的值则会根据 ScaleMode 属性的不同发生变化。
3. 可以使用颜色常数、QBColor 函数和 RGB 函数三种方式表示颜色，如果希望在程序运行过程中实现颜色的自动变化，应使用 QBColor 函数或者 RGB 函数来表示颜色。
4. 在所绘制直线的终点处。
5. 绘制矩形时，如果没有添加关键字 F，则矩形内部填充颜色由绘图对象的 FillColor 属性决定；如果添加了关键字 F，则填充颜色由绘图对象的 ForeColor 属性决定。

6. 可以使用 Pset 方法绘制圆形。只需指定圆心坐标和半径，就可以通过圆心角获得圆周上点的坐标，通过循环方式改变圆心角（0°~360°），则可以使用 Pset 打出圆周上的点，形成圆。

二、上机练习题

1. 变幻莫测。在窗体上创建一个名为 Picture1 的图片框，利用定时器 Timer1，让图片框的背景颜色不断随机变化（分别尝试用 QBColor 和 RGB 函数来实现，对比使用两种函数的效果）。如图 7.1 所示。

图 7.1　变幻莫测

【思路分析】

为了实现图片框背景颜色自动变化的效果，需要在 Timer 事件中给图片框的 BackColor 属性赋随机值，而在程序启动时，设置 Timer1 为运行状态即可。

【参考代码】

```
Private Sub Form_Load()
    Randomize
    Timer1.Interval = 100
    Timer1.Enabled = True
End Sub
Private Sub Timer1_Timer()
    '使用 RGB 函数实现
    Picture1.BackColor = RGB(Int(256 * Rnd), Int(256 * Rnd), Int(256 *
Rnd))
End Sub
```

2. 颜色渐变。单击窗体，在窗体上产生从左到右，从红色到白色的渐变效果，如图 7.2 所示。

图 7.2　颜色渐变

【思路分析】

此题的关键在于合理使用 RGB 函数。RGB（255, 0, 0）表示红色，RGB（255, 255, 255）表示白色，通过在循环语句逐步改变后两个参数的值，即可实现红色到白色的渐变。

【参考代码】略。

3. 单击窗体，利用 Line 方法在窗体上绘出如图 7.3 所示的刻度坐标。

要求　主刻度：间隔 1000 缇、长度 200 缇；次刻度：间隔 100 缇、长度 100 缇。

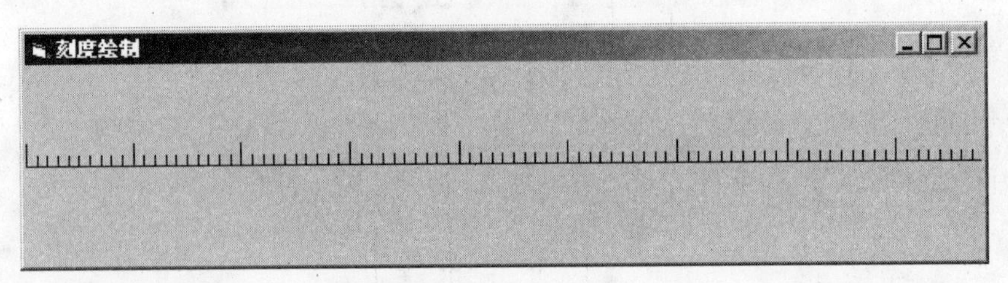

图 7.3　刻度绘制

【思路分析】

此题的关键在于 Line 语句的使用。可把上述刻度分为三个部分：基线、主刻度、次刻度，基线用一条 Line 语句实现，主刻度与此刻度用循环语句配合 Line 方法实现，写循环语句时注意根据要求设置好步长。

【参考代码】

```
Private Sub Form_click()
    Dim X As Single, Y As Single
    X = Me.ScaleWidth
    Y = Me.ScaleHeight
    Line(0, Y / 2)-(X, Y / 2)                    '绘制基线
    For i = 0 To X Step 100
```

```
            Line(i, Y / 2)-(i, Y / 2 – 100)        '绘制次刻度线
            If i Mod 1000 = 0 Then Line(i, Y / 2)-(i, Y / 2 – 200)
                                                  '绘制主刻度线
        Next i
End Sub
```

4. 利用 Timer 和 Pset 实现一个动态画圆的程序，单击窗体后可以在窗体上动态地画出一个圆形图案，画圆结束后显示提示信息。运行界面如图 7.4 所示。

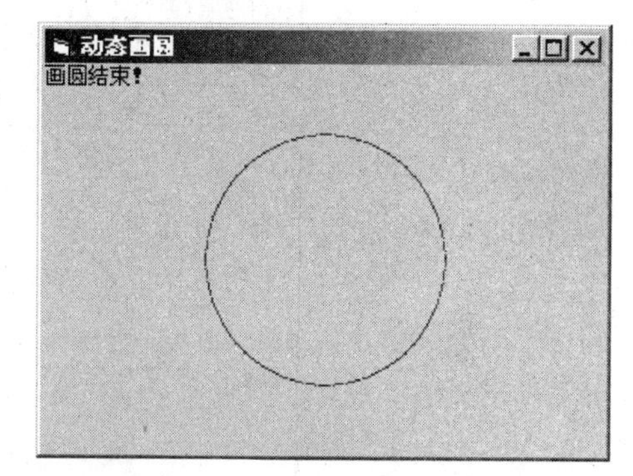

图 7.4　动态画圆

【思路分析】

首先根据窗体大小指定圆心坐标（X0,Y0）和半径 R，在 Timer 事件中通过改变圆心角 a（0°~360°），以此获取圆周上点的坐标（X0+R*Sin（a*pi/180），Y0+R*Cos（a*pi/180），使用 Pset 画出这些点，即形成一个动态画的过程圆。注意单击窗体时启动 Timer，绘圆一周后停止 Timer。

【参考代码】略。

5. 程序调试题。本程序正确运行时，从窗体工作区中心点开始，按每秒一次的速度自动画出不断增大的正方形。当正方形超出窗体工作区任一边界时，清除窗体上所有图形，重新开始上述画图过程，如图 7.5 所示。下述给出的代码中共有 5 处错误，请在不添加删除语句的前提下，对其进行调试修正。

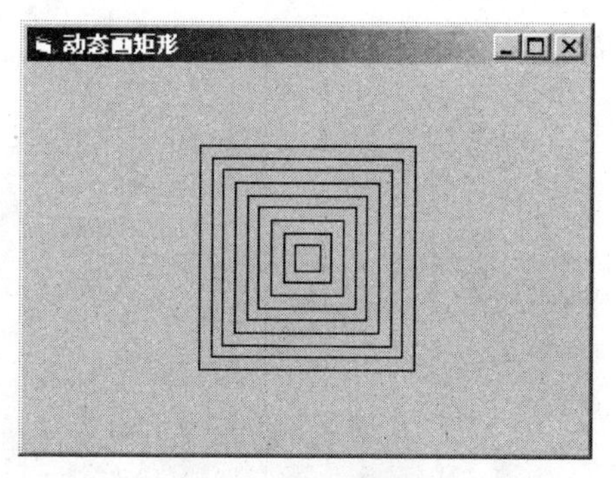

图 7.5　动态画矩形

```
1    Dim s As Long
2    Private Sub Form_Load()
3        Form1.Caption = "动态画矩形"
```

```
4       Timer1.Enabled = False
5       Timer1.Interval = 1
6   End Sub
7   Private Sub Timer1_Timer()
8       x = Me.ScaleWidth \ 2
9       y = Me.ScaleHeight \ 2
10      r = r + 100
11      Line(x - r, y – r)-(x + r, y + r), , B
12      If r >= Me.ScaleWidth \ 2 And r >= Me.ScaleHeight \ 2 Then
13          r = Me.ScaleWidth
14          Clear
15      End If
16  End Sub
```

【思路分析】

此题主要考察的是阅读分析程序代码的能力。此类题型需重点关注变量声明、变量赋值、控件属性的赋值、循环体及循环变量以及 If 语句中的关系运算符与逻辑运算符的书写问题。

【参考答案】

代码 1：Dim r As Long

代码 5：Timer1.Interval = 1000

代码 12：And 改为 Or

代码 13：r=0

代码 14：Cls

6. 以鼠标单击处为中心，在窗体上画出与窗体边框相切的红色实心正方形，如图 7.6 所示。

图 7.6　绘制与窗体边框相切的红色实心正方形

【思路分析】

此题的关键在于使用 MouseDown 事件获取鼠标单击点坐标后，如何获得该坐标与窗体四周的最短距离，然后确定正方形的左上角与右下角坐标。可以采用 If 判断语句或者 IIf 函数来求最短距离。

【参考代码】略。

7. 单击窗体上任意一点，一次性在窗体上画不超出窗体边框的 20 个圆，圆的颜色随机，如图 7.7 所示。

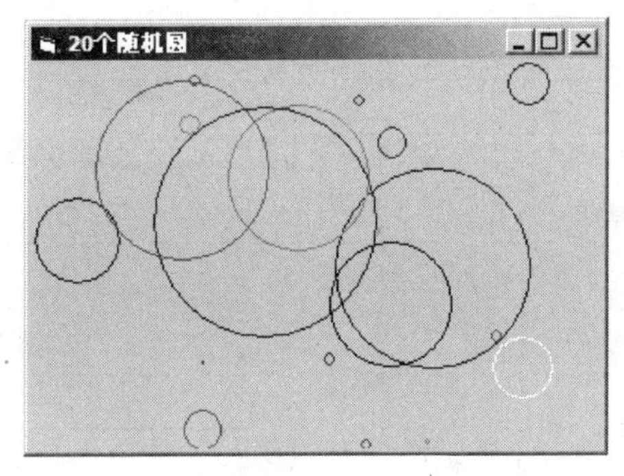

图 7.7　绘制不超过窗体边框的 20 个随机圆

【思路分析】

与练习题 6 相似，先使用随机函数随机产生一对小于窗体长宽的数作为圆心坐标，然后使用 IIf 函数求得该坐标到窗体四周的最短距离 RMin，并用 Rnd * Rmin 求得圆的半径，采用此圆心坐标和半径绘制的圆肯定不会超过窗体边界。借助 For 循环则可以方便地绘制 20 个满足要求的随机圆。

【参考代码】

```
Private Sub Form_Click()
    Cls
    For i = 1 To 20
        X = Rnd * Me.ScaleWidth          '产生随机圆心点
        Y = Rnd * Me.ScaleHeight
        X1 = Me.ScaleWidth - X           '计算圆心距离窗体边框的最短距离
        Y1 = Me.ScaleHeight - Y
        Xmin = IIf(X < X1, X, X1)
        Ymin = IIf(Y < Y1, Y, Y1)
        Rmin = IIf(Xmin < Ymin, Xmin, Ymin)
        r = Rnd * Rmin                                   '产生随机半径
        Circle(X, Y), r, QBColor(Int(Rnd * 16))          '画圆
    Next i
End Sub
```

8. 一块小石头掉进平静的水面，会产生一圈圈的涟漪，编写程序，简单模拟这个动态效果，如图 7.8 所示。要求：鼠标单击窗体上任意位置，就会产生一个以此位置为圆心，逐渐向外扩大的彩色圆圈。

【思路分析】

在 MouseDown 事件获取鼠标单击点位置，并启动 Timer 定时器。在 Timer 事件中使用 Circle 语句绘制圆形，并且不停地改变圆的半径。

【参考代码】略。

9. 在窗体上按下鼠标左键并拖动时，能在窗体上画出与鼠标移动轨迹保持一致的一连串不重叠的小圆形（半径 R = 100），如图 7.9 所示。

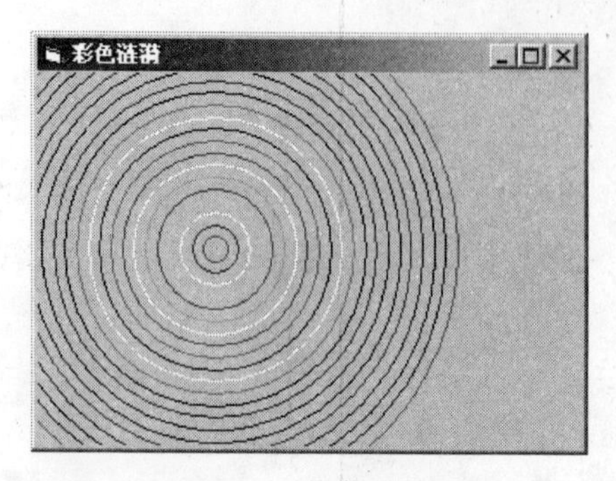

图 7.8　绘制彩色涟漪

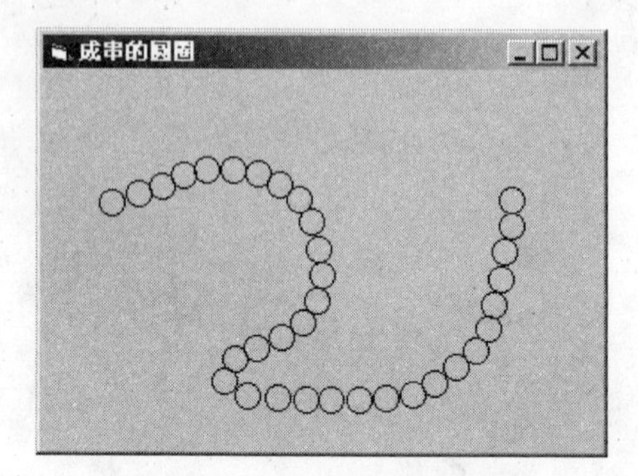

图 7.9　绘制成串的圆圈

【思路分析】

此题需要 MouseDown 事件与 MouseMove 事件配合实现。在 MouseDown 事件中记录第一个圆心坐标并绘制圆形，在 MouseMove 事件中判断当前鼠标位置与前一个圆心点之间的距离有没有大于圆的直径，大于时则画圆，并记录下当前坐标以便下一次比较。

【参考代码】

```
Dim X1 As Single, Y1 As Single, r As Integer
Private Sub Form_MouseDown(Button As Integer, Shift As Integer, X As
Single, Y As Single)
    Cls
    X1 = X
    Y1 = Y
    r = 100
    Circle(X, Y), r                              '画第一个圆
End Sub
Private Sub Form_MouseMove(Button As Integer, Shift As Integer, X As
Single, Y As Single)
    L = Sqr((X - X1)^ 2 +(Y1 - Y)^ 2)
    '求当前鼠标位置与上一个圆心点间的距离
    If Button = 1 And L > 2 * r Then
    '当鼠标左键按下时，且距离满足不重叠的要求
```

```
            Circle(X, Y), r                    '画圆，且记录下当前圆心点
            X1 = X
            Y1 = Y
        End If
End Sub
```

7.3　常见错误与难点分析

1. Form_Load 事件内无法绘制图形

Form_Load 事件在窗体被装入内存时触发，而窗体装入内存时有一个时间过程，在此时间内同步执行绘图命令，则会导致所绘制的图形无法在窗体上显示。如需要在程序启动时即在窗体上绘制出图形，可采用如下两种方法：

（1）在属性窗口将窗体 AutoReDraw 属性设置为 True（默认为 False）。

（2）把绘图代码放到 Form_Paint 事件中。当对象在显示、移动、改变大小或者使用 Refresh 方法时，都会触发 Paint 事件。

2. VB 坐标系中的原点与坐标方向

在 VB 坐标系中，默认坐标原点在对象的左上角，x 轴方向为从左至右，y 轴方向为从上至下，与数学中的坐标系有着明显区别，绘图时务必要注意这一点。

3. 绘制图形后的当前坐标位置

VB 中用 CurrentX 与 CurrentY 属性表示在对象上绘图时的当前坐标。根据使用方法的不同，输出或绘制完毕后当前坐标位置有所不同，详见表 7.1。

4. 使用自定义坐标系时，绘制出的图形与预期不符

使用 Scale 语句自定义坐标系后，常会发生所绘制图形与预期不符的情况。例如，单击窗体执行如下语句后，绘制的图形如图 7.10 所示。

表 7.1　执行绘图方法后当前坐标位置表

方法	设置 CurrentX，CurrentY 属性的值为
Circle	对象的中心
Cls	0,0
Line	线终点
Print	下一个打印位置
Pset	画出的点

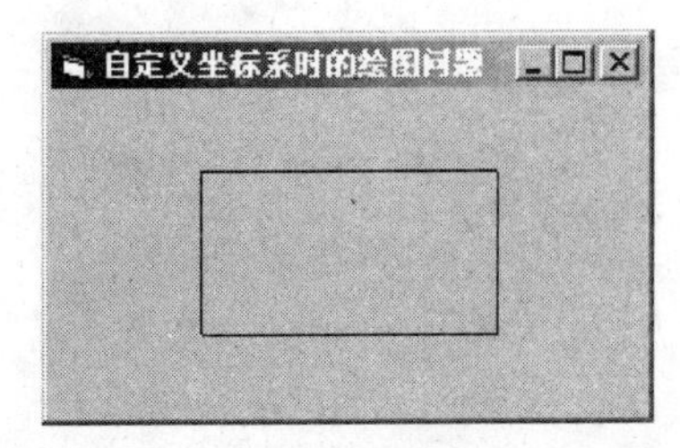

图 7.10　自定义坐标系时的绘图问题

```
Private Sub Form_Click()
    Scale(–1000, 1000) - (1000, –1000)
```

```
    Line(−500, 500) - (500, −500), , B
End Sub
```

在上述代码中对窗体坐标系进行了重定义，并期望在新坐标系中利用 Line 语句绘制一个正方形，然而绘制结果却是一个长方形。

原因是该代码中的 Scale 语句期望将窗体定义为一个正方形区域，然而由于窗体本身的长宽并不一样，导致重定义后 x 轴方向和 y 轴方向的单位长度不一样，也就最后造成所期望绘制的正方形变成了长方形。在自定义坐标系时一定要注意与实际窗体相吻合。

5. 鼠标绘图中的通用变量

在某些程序中，有时需要同时使用多个鼠标事件（如本章中的上机习题 9），此时应特别注意多个事件中是否有需要共用的变量，如果有，则应将这些变量定义在窗体的通用段，以实现值在多个事件过程间的传递。

7.4　自 测 题 七

一、单选题

1. VB 坐标系统默认的坐标原点在容器控件的（　　）。

A. 中心　　B. 左上角　　C. 右上角　　D. 左下角

2. 若要使用 QBColor（ ）函数随机产生 16 种颜色，以下哪个语句正确（　　）。

A. QBColor（Int（Rnd*15+1））　　B. QBColor（Int（Rnd*16+1））

C. QBColor（Int（Rnd*15））　　D. QBColor（Int（Rnd*16））

3. 将容器的 FillStyle 属性设置为（　　）后，容器中所有图形都变为实心填充。

A. 0　　B. 1　　C. 2　　D. 3

4. 执行语句 Me.ForeColor = RGB（128,128,128）之后，窗体上输出字符的颜色为（　　）。

A. 红色　　B. 白色　　C. 灰色　　D. 黑色

5. 在 VB 中可以用十六进制数表示颜色值，用来表示蓝色的颜色值为（　　）。

A. &HFF0000&　　B. &H00FF00&

C. &H0000FF&　　D. &HF0F0F0&

6. 以下属性和方法中，（　　）可以重新定义窗体的坐标系。

A. DrawStyle　　B. DrawWidth　　C. DrawMode　　D. Scale

7. 如要在图片框 Picturel 上画宽度为 3 像素点的实线，必须设置（　　）。

A. Picture1.DrawMode = 3　　B. Picture1.DrawStyle = 3

C. Picture1.FillMode = 3　　D. Picture1.DrawWidth = 3

8. 通过设置对象的“ScaleMode”属性可以改变对象坐标的度量单位，若要将其设置为像素 Pixel，则 ScaleMode 应设置为（　　）。

A. 1　　B. 2　　C. 3　　D. 4

9. 在图片框控件 Picture1 上坐标（x,y）处画一个红点，代码应写作（　　）。

A. Pset（x, y）, RGB（255,0,0）　　B. Pic1.Pset（x, y）, Red

C. Pset（x, y）, Red　　D. Pic1.Pset（x, y）, vbRed

10. 设窗体当前坐标为（200，200），执行 Line Step（100, 100）- Step（200, 200）命令后，所画直线的起止坐标分别是（　　）。

A.（100，100）和（200，200）　　B.（300，300）和（400，400）

C.（300，300）和（500，500）　　D.（100，100）和（300，300）

11. 语句 Circle（1000,1000），500, 8, –6, –3 执行后，绘制的图形是（　　）。

A. 圆　　B. 椭圆　　C. 圆弧　　D. 扇形

12. 图片框的 FillStyle 属性为 Solid，用 Line 方法绘制矩形框，若省略颜色参数和 F 关键字，则填充的色彩为（　　）。

A. 图片框的 BackColor　　B. 图片框的 FillColor

C. 图片框的 ForeColor　　D. 固定为黑色

13. 在 MouseDown 事件过程中，参数 Button 的值为 2 表示按下的鼠标按键是（　　）。

A. 鼠标左键　　B. 鼠标右键

C. 同时按下鼠标左键右键　　D. 未按鼠标按键

14. 在 MouseDown 事件过程中，参数 Shift 的值为 1 表示在按键的同时按下功能键（　　）。

A. Alt 键　　B. Ctrl 键　　C. Shift 键　　D. Alt+Shift 键

15. 在按下键盘上的 Ctrl 键的同时在一个控件上按下鼠标左键拖动鼠标，在事件触发过程 MouseMove（Button, Shift, X, Y）中有效的程序段为（　　）。

A. If Button = 0 And Shift = 1 Then　　B. If Button = 0 And Shift = 2 Then

C. If Button = 1 And Shift = 1 Then　　D. If Button = 1 And Shift = 2 Then

二、程序填空题

1. 在图片框 Picture1 上画自由曲线的操作是在画线的起点按下鼠标左键，拖动鼠标画出自由曲线，放开鼠标左键停止画线。

```
Private Sub Picture1_MouseDown(Button, Shift , X , Y)
    Picture1.Pset(X, Y)
End Sub
Private Sub Picture1_MouseMove(Button, Shift , X , Y)
    If_______①_______= 1 Then
```

```
        Picture1.Line  _______②_______
    End If
End Sub
```

2. 按鼠标左键单击窗体，以单击点为圆心，以小于 50 的随机数为半径，画出一个圆形。

```
Private Sub Form_MouseDown(Button, Shift, X, Y)
    If  Button = ______①______ Then
        R = Int(Rnd * ______②______)
        __________③__________
    End If
End Sub
```

3. 运行下面程序，单击窗体后，根据提示输入字符串，便以鼠标单击位置为中心，将字符串均匀地显示在圆周上，效果如图 7.11 所示。

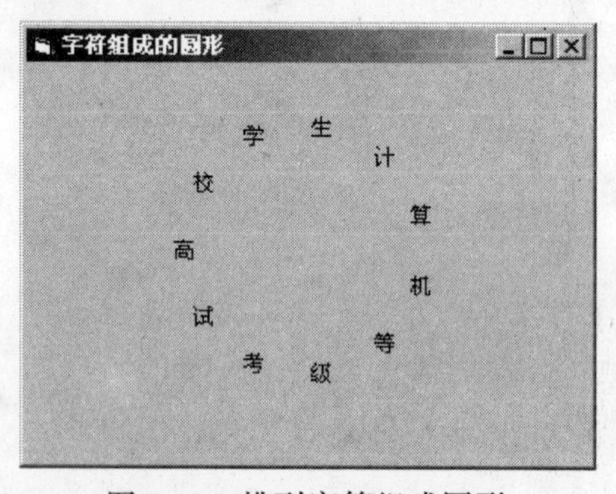

图 7.11　排列字符组成圆形

```
Private Sub Form_MouseDown(Button As Integer, Shift As Integer, X As Single, Y As Single)
    Const d = 3.14159 / 180
    Cls
    s = InputBox("请输入一个字符串", "输入", "高校学生计算机等级考试")
    n = __________①__________
    For i = n - 1 To 0 Step -1
        CurrentX = X - 1000 * Cos(i * d * 360 / n)
        CurrentY = Y - 1000 * Sin(i * d * 360 / n)
        Print ________②________
    Next i
End Sub
```

4. 以下程序可以在窗体上绘制多边形。单击鼠标左键，画出多边形的一条边；单击鼠标右键，则从绘制的最后一条边终点到画线起点之间绘出直线，形成封闭多边形，见图 7.12。

```
Dim x1 As Integer, y1 As Integer, Start As Boolean
Private Sub Form_MouseDown(Button As Integer, Shift As Integer, X As Single, Y As Single)
    If ______①______ Then
        Line - (x1, y1)
        Start = False
    Else
        If Start = False Then
            x1 = X
            y1 = Y
            PSet(X, Y)
            ______②______
        Else
            Line ______③______
        End If
    End If
End Sub
```

图 7.12　绘制封闭多边形

三、程序阅读题

1. 阅读下面的代码段：

```
Private Sub Picture1_MouseDown(Button, Shift, X, Y)
    Picture1.Pset(X,Y)
End Sub
Private Sub Picture1_MouseMove(Button, Shift, X, Y)
    If  Button = 1 And Shift = 0 Then
        Picture1.Line – (X ,Y)
    End If
End Sub
```

对此段代码描述正确的是（　　）。

A. 移动鼠标，在图片框 Picture1 中画出曲线

B. 按下鼠标左键，移动鼠标，在图片框 Picture1 中画出曲线

C. 按下 Shift 键，移动鼠标，在图片框 Picture1 中画出曲线

D. 按下 Shift 键，同时按下鼠标左键，移动鼠标，在图片框 Picture1 中画出曲线

2. 运行下面程序，单击窗体后，窗体上显示的图形是（　　）。

```
Private Sub Form_Click()
    Me.Height = 2000
    Me.Width = 2000
    Me.DrawWidth = 5
    Me.DrawStyle = 0
```

```
    Me.Line(0, 500) - (2000, 500)
    Me.Line(1000, 500) - (1000, 2000)
End Sub
```

A.　　　　B.　　　　C.　　　　D.

3. 下述程序运行时，单击窗体，窗体上显示的图形是（　　）。

```
Private Sub Form_Click()
    str1 = "Microsoft Visual Basic version 6.0"
    degree = 3.14159 / 180
    For i = 1 To Len(str1)
        CurrentX = i * 100
        CurrentY = 1000 - 600 * Sin(i * 10 * degree)
        Print Mid(str1, i, 1)
    Next i
End Sub
```

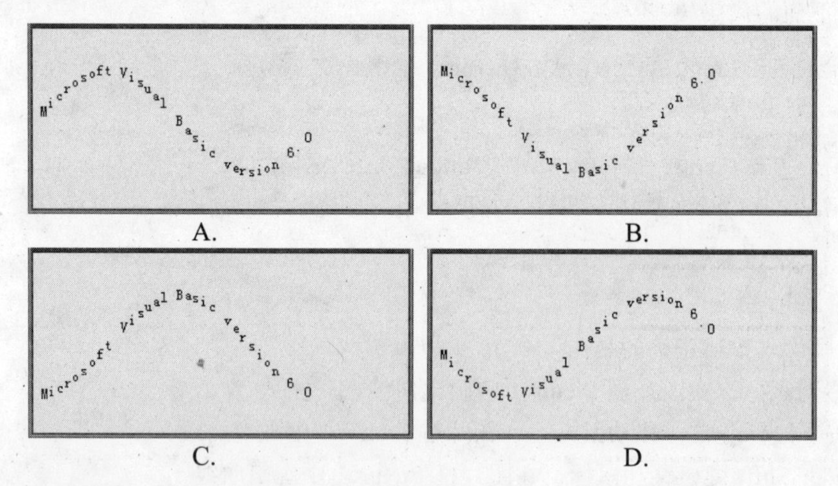

A.　　　　B.

C.　　　　D.

4. 运行下列程序，图片框 Picture1 中显示的内容为（　　）。

```
Dim i As Long
Private Sub Form_Load()
    Timer1.Enabled = True
    Timer1.Interval = 50
End Sub
Private Sub Timer1_Timer()
```

```
    Picture1.Cls
    x = Picture1.ScaleWidth \ 2
    y = Picture1.ScaleHeight - i + 1000
    Picture1.Circle(x, y), 500
    i = i + 10
End Sub
```

A. 一个圆形从 Picture1 的底边出现，逐渐上移并最终消失在 Picture1 的顶部边缘

B. 一个圆形从 Picture1 的顶边出现，逐渐下移并最终消失在 Picture1 的底部边缘

C. 一个圆形从 Picture1 的左边出现，逐渐右移并最终消失在 Picture1 的右边

D. 一个圆形从 Picture1 的右边出现，逐渐右移并最终消失在 Picture1 的左边

5. 下列程序运行后，窗体上显示的图形为（　　）。

```
Private Sub Form_Click()
    Dim CenterX As Integer, CenterY As Integer
    CenterY = Form1.ScaleHeight / 2
    CenterX = Form1.ScaleWidth / 2
    PSet(0, CenterY)
    For i = 1 To 10
        Line -Step(500, -500)
        Line -Step(0, 500)
    Next i
End Sub
```

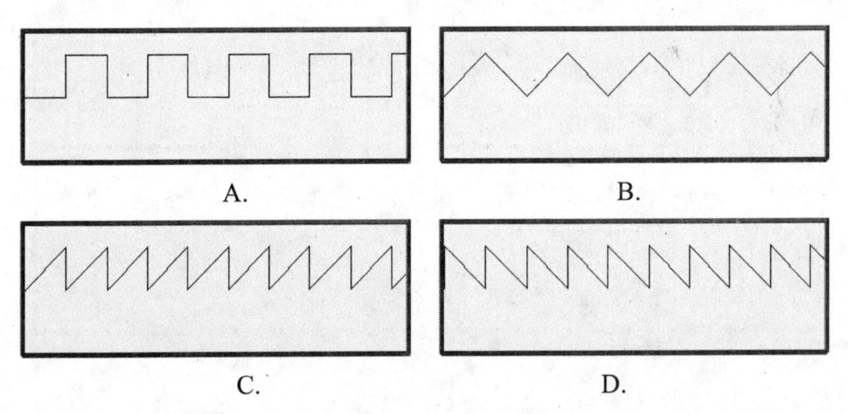

6. 已知程序中有如下事件过程，则程序运行时（　　）。

```
Private Sub Form_MouseMove(Button As Integer, Shift As Integer, X As Single, Y As Single)
    If Button = 2 Then
        CurrentX = X : CurrentY = Y : Print "*"
    End If
End Sub
```

A. 在窗体上移动鼠标光标，将沿光标移动轨迹画出由“*”组成的曲线

B. 在窗体上按下鼠标左键并移动鼠标，将沿光标移动轨迹画出由“*”组成的曲线

C. 在窗体上按下鼠标右键并移动鼠标，将沿光标移动轨迹画出由“*”组成的曲线

D. 在窗体上按下鼠标右键并立即释放，能在光标位置画出一个“*”

7. 下面程序运行后输出的图形是（　　）。

```
Private Sub Form_Click()
    Const angle = 3.14159 / 180
    For I = 0 To 360 Step 30
        X1 = 1000 + 900 * Cos(angle * I)
        Y1 = 1000 + 900 * Sin(angle * I)
        X2 = 1000 + 500 * Cos(angle * I)
        Y2 = 1000 + 500 * Sin(angle * I)
        Line(X1, Y1) - (X2, Y2)
    Next I
    Circle(1000, 1000), 480
End Sub
```

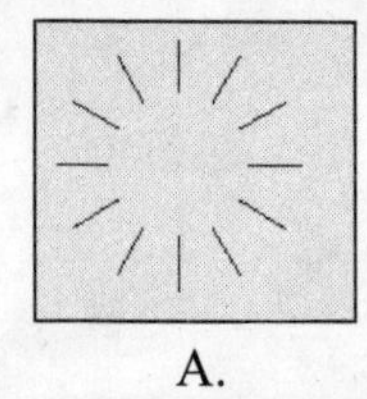
A.

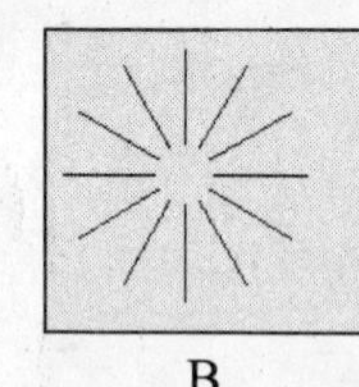
B.

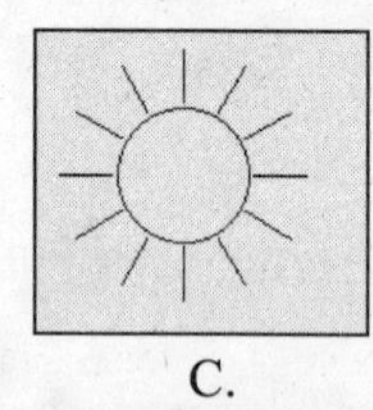
C.

D.

8. 运行下述程序，单击窗体后，窗体上显示输出的是哪个图形（　　）。

```
Private Sub Form_Click()
    x = Me.ScaleWidth / 2
    y = Me.ScaleHeight / 2
    For i = 900 To 300 Step -100
        X1 = x + i * Cos(3.14159 / 4)
        Y1 = y - i * Sin(3.14159 / 4)
        Circle(X1, Y1), i
    Next
End Sub
```

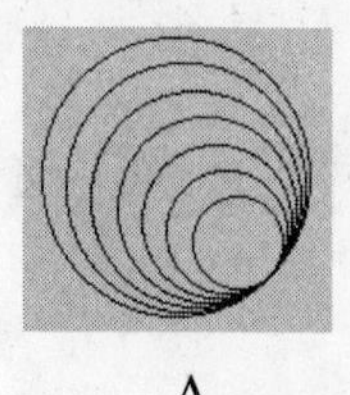
A.

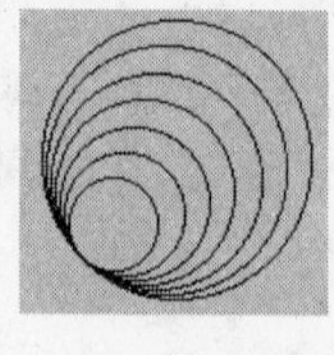
B.

C.

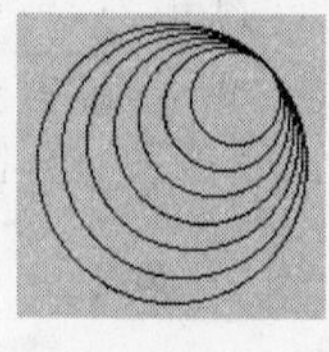
D.

第 8 章　文件与数据库访问

8.1　学 习 目 标

【了解】

1. Visual Basic 顺序文件、随机文件及二进制文件的创建、读写和删除操作方法。
2. 随机文件中记录结构和数据类型的定义方法。
3. 文件系统控件（DriveList、DirList 和 FileList）的作用。
4. 数据控件（Data）和常用数据绑定控件（TextBox、DataList 和 DataGrid）的用法。
5. Access 数据库中表的创建、修改和内容添加方法。

【理解】

1. 利用公用对话框（CommonDialog）实现文件操作的编程方法。
2. 与文件操作有关的常用函数。
3. SQL 语句的基本概念，数据库连接、记录集创建的基本语句。
4. 数据记录显示、添加、删除、查询和修改的操作方法。

【掌握】

1. 利用公用对话框（CommonDialog）实现文件操作的编程方法。
2. 利用数据控件（Data）和常用数据绑定控件（TextBox、DataList 和 DataGrid）实现数据库简单管理的编程方法。

8.2　习 题 解 答

一、简答题

1. 参见理论教材 8.1.1 节。
2. Print #语句写入的数据各字段没有明显的分隔符，适用于 Line Input #语句整行读出的情况；Write #语句写入的数据适用于 Input #语句逐字段读出的情况。
3. 随机文件与顺序文件的数据存储结构不同：随机文件有记录号，每条记录长度固定，对数据的查询、修改较为灵活；顺序文件只提供第一个记录的存储位置，数据只能顺序写入、顺序读出，优点是结构简单，占用存储空间少。
4. 打开文件的原有的内容会被清空。

5.
```
Private Sub Form_Load()
    Drive1. Drive = " C:\ "
End Sub
```

6. 参见理论教材 8.2.1 节。
7. 在 VB 中，不允许直接访问数据库中的表，而只能通过记录集（Recordset）对象进行记录的操作和浏览。用户可以根据需要，抽取一个或几个表中的若干数据字段构成记录集对象。记录集是数据表与应用程序之间的桥梁。
8. 参见理论教材 8.2.1 节第 2 点。
9. 参见理论教材 8.2.2 节第 2 点。
10. <对象>.Recordset.Update。
11. 反例：假如记录集 3 条记录，当指针指向第 2 条记录时，EOF、BOF 均为 False，EOF = BOF，这时记录集明显不是空的。

    判断记录集是否为空的方法主要有以下几种：

    （1）RecordCount=0，记录个数为 0，肯定为空集；

    （2）EOF=True，当打开记录集时，指针将指向第 1 条记录，如果此时 EOF=True，肯定为空集。

    （3）若为空记录集，则打开记录集时，BOF、EOF 均为 True。

    （4）如果不是空记录集：

    • 当指针指向第 1 条记录时，如果再 MovePrevious，则 BOF 为 True；
    • 当指针指向最后 1 条记录时，如果再 MoveNext，则 EOF 为 True；
    • 其他任何时候（即使只有一条记录），BOF、EOF 均为 False。

    综上所述，记录集是否为空，与 BOF 没有联系，自然也就不能用记录集的 BOF=EOF 来判定记录集为空。

12.
```
<对象>.Recordset. MoveLast
n = <对象>.Recordset. RecordCount
```

二、上机练习题

1. 设计实现一个简易的医院信息管理系统的收费管理程序，要求如下：

（1）若单击“收费”按钮，则将病人收费信息添加到 Temp01.txt 文件中；若单击“流水账”按钮，则将 Temp01.txt 文件中的所有记录显示在下方的图片框内，界面如图 8.1 所示。

【思路分析】

本题实现的功能分为两大部分：数据写入和数据读出。

• 数据写入的实现最重要的是搞清楚写入方式，根据题意，这里应该用顺序追加的模式，然后按照“打开”、“写入”、“关闭”的步骤不难实现。

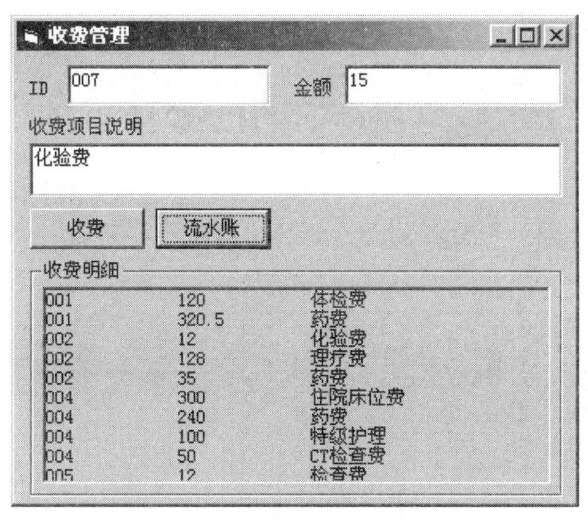

图 8.1　医院收费管理程序（a）

• 数据读出的实现需要一个循环结构，以到达文件尾为循环结束条件，将数据一行一行地读取出来，再显示在图片框中。

【参考代码】

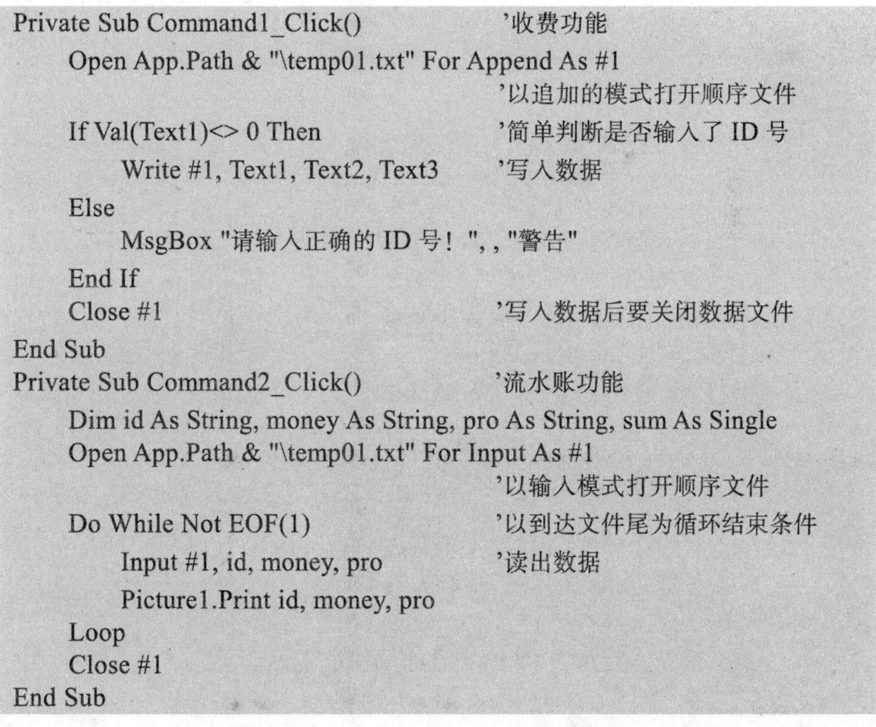

```
Private Sub Command1_Click()                    '收费功能
    Open App.Path & "\temp01.txt" For Append As #1
                                                '以追加的模式打开顺序文件
    If Val(Text1)<> 0 Then                      '简单判断是否输入了 ID 号
        Write #1, Text1, Text2, Text3           '写入数据
    Else
        MsgBox "请输入正确的 ID 号！", , "警告"
    End If
    Close #1                                    '写入数据后要关闭数据文件
End Sub
Private Sub Command2_Click()                    '流水账功能
    Dim id As String, money As String, pro As String, sum As Single
    Open App.Path & "\temp01.txt" For Input As #1
                                                '以输入模式打开顺序文件
    Do While Not EOF(1)                         '以到达文件尾为循环结束条件
        Input #1, id, money, pro                '读出数据
        Picture1.Print id, money, pro
    Loop
    Close #1
End Sub
```

（2）增加一个“打单”按钮，功能为以 ID 号为关键字查询出该病人的所有费用

信息，显示在下方的图片框内，并计算出总金额，界面如图 8.2 所示。

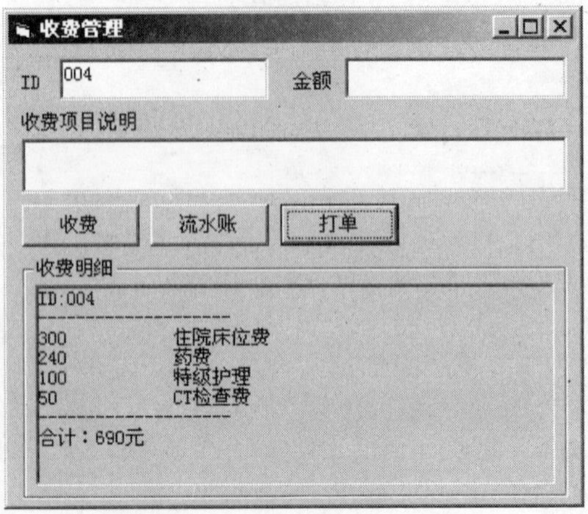

图 8.2　医院收费管理程序（b）

【思路分析】

打单功能其实就是一个遍历查询程序，利用循环结构将文件数据逐一读出后，判断是否和查询条件（ID 号）匹配。如果匹配，则在图片框输出该组数据，并对收费金额进行累加操作。

【参考代码】

```
Private Sub Command3_Click()
    Dim id As String, money As String, pro As String, sum As Single
    Open App.Path & "\temp01.txt" For Input As #1
    If Val(Text1)<> 0 Then                  '简单判断是否输入了 ID 号
    Picture1.Print "ID:" & Text1            '输出表头
    Picture1.Print String(20, "-")
    Do While Not EOF(1)                     '以到达文件尾为循环结束条件
        Input #1, id, money, pro            '读出数据
        If Val(id) = Val(Text1)Then         '判断是否与查询条件匹配
            Picture1.Print money, pro
            sum = sum + Val(money)          '金额累加
        End If
    Loop
    If sum = 0 Then                 '如果金额累加为 0，表示没有收费纪录
        Picture1.Print "没有收费纪录！"
    Else
        Picture1.Print String(20, "-")
        Picture1.Print "合计：" & sum & "元"
```

```
        End If
Else
            MsgBox "请输入正确的 ID 号！",, "警告"
        End If
        Close
End Sub
```

2. 设计实现一个学生信息管理系统，要求如下：

（1）使用 Access 建立数据库 Student.mdb，包含一张表，结构见表 8.1，输入若干条记录。

表 8.1　学生信息数据表结构

字段名	字段类型	字段大小
学号	文本型	6
姓名	文本型	10
性别	文本型	1
出生年月	日期型	8
专业	文本型	30

提示　数据表设计过程中，应把“学号”设置为关键字。

（2）设计界面如图 8.3 所示。使用 Data 控件连接 Student.mdb 数据库中的“学生信息”表。

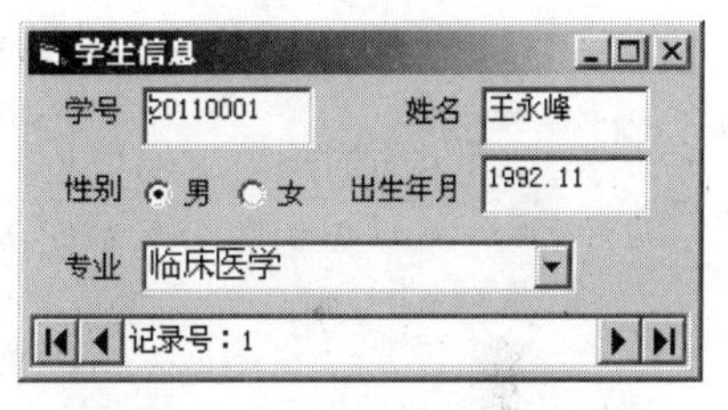

图 8.3　学生信息管理程序界面

【思路分析】

参照教材例 8.8，几乎不用编写什么代码就可以实现功能。例外的是 Option 控件显示性别以及显示记录号的功能。这里值得注意的地方是 Reposition 事件以及 Recordset 的几个属性的使用方法。

【参考代码】

```
Private Sub Data1_Reposition()        '数据库指针移动引发 Reposition 事件
    Data1.Caption = "记录号：" & Data1.Recordset.AbsolutePosition + 1
                                     '在控件 Data1 上显示当前记录号
    If Data1.Recordset.Fields("性别")= "男"    Then
        Option1 = True
    Else
        Option2 = True
    End If
    '根据当前记录的“性别”字段来决定哪一个 Option 控件处于被选中状态
    End Sub
```

（3）增加“新增”、“删除”、“上一条”和“下一条”四个按钮，并实现其功能。

【思路分析】

请参考教材例 8.10 和例 8.11。

【参考代码】

```
Private Sub Command1_Click()    '新增
    On Error Resume Next        '发生错误时，忽略错误行，继续执行下一语句
    Command2.Enabled = Not Command2.Enabled
    Command3.Enabled = Not Command3.Enabled
    Command4.Enabled = Not Command4.Enabled
    If Command1.Caption = "新增" Then
        Command1.Caption = "确认"
        '将 Command1 表面的提示信息改为"确认"
        Data1.Recordset.AddNew      '向数据库中增加一个记录
        Text1.SetFocus              '使焦点回到 Text1，以便再次增加记录
    Else
        Command1.Caption = "新增"
        '将 Command1 表面的提示信息改为"新增"
        Data1.Recordset.Update
        Data1.Recordset.MoveLast
    End If
End Sub
Private Sub Command2_Click()                         '删除
    On Error Resume Next
    Data1.Recordset.Delete                          '删除当前记录
    Data1.Recordset.MoveNext                        '调整记录指针
    If Data1.Recordset.EOF Then Data1.Recordset.MoveLast
End Sub
Private Sub Command3_Click()                        '指针移至上一个记录
    Data1.Recordset.MovePrevious
    If Data1.Recordset.BOF Then Data1.Recordset.MoveFirst
End Sub
Private Sub Command4_Click()                        '指针移至下一个记录
    Data1.Recordset.MoveNext
    If Data1.Recordset.EOF Then Data1.Recordset.MoveLast
End Sub
```

（4）增加图像控件，实现添加照片和浏览时显示照片的功能，界面如图 8.4 所示。

【思路分析】

考虑到图片的大小不一致，故控件采用图像框较好，并将 Stretch 属性设为 True。显示照片的功能分为在图像框中显示照片和将照片路径存入数据库两个部分。

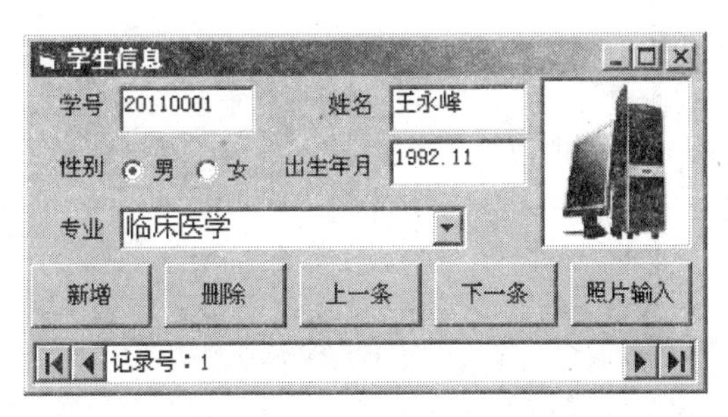

图 8.4　增加功能后的学生信息管理程序界面

显示照片同时是一个输入文件路径和名字的过程。为便于管理，默认规定所有照片文件存放在与应用程序相同的目录下的“photos”子文件夹中。这样，路径就统一变成了 App.Path & "\photos"，剩下的只是文件名的输入了。文件名输入可使用 InputBox 函数，也可以用文件系统控件的方法（参见教材例 8.6）。为简便起见，这里采用前一种方法。

将照片路径存入数据库首先需要在数据表中增加一个字段“照片”，用来存放图片的路径和名称；然后在浏览信息时将路径所对应的图片加载到图片控件中。

【参考代码】

以下为在前面代码基础上添加的部分代码：

```
Dim photoname As String, photopath As String
Private Sub Form_Load()
    If Right(App.Path, 1) <> "\" Then              '保证文件路径的完整
        photopath = App.Path & "\photos\"
    Else
        photopath = App.Path & "photos\"
    End If
End Sub
Private Sub Command5_Click()      '输入照片并保存到数据库
    photoname = InputBox("请输入照片的完整文件名：", "照片")
    If Dir(photopath & photoname) <> "" Then
                                    '判断该照片文件是否存在
        Image1 = LoadPicture(photopath & photoname)      '加载图片
        Data1.Recordset.Fields("照片") = photoname
                                    '修改当前记录的“照片”字段
        Data1.Recordset.Update
    Else
        MsgBox "照片没找到！", , "出错"
    End If
```

```
End Sub
Private Sub Data1_Reposition()    '根据“照片”字段的文件名显示照片
    …
    If Not Data1.Recordset.EOF And Not Data1.Recordset.BOF Then
        photoname = Data1.Recordset.Fields("照片")
    End If
    If photoname<>"" And Dir(photopath & photoname) <> "" Then
        Image1 = LoadPicture(photopath & photoname) End Sub
    End If
End Sub
```

8.3　常见错误与难点分析

1. 数据文件用完没有及时关闭

数据文件的打开（Open）操作是把存储在外存上的数据文件调入内存，关闭（Close）操作是把数据文件从内存清除。如果数据文件用完后没有及时关闭，程序中又再次出现了打开该文件的操作，系统就会显示“文件已打开”的出错信息。

2. 随机文件的记录类型没有指定长度

随机文件的存取是以记录为基本单位的，每次操作存取一条记录。而随机文件的每条记录长度必须是一样的，方便系统以长度来区分各条记录。我们一般用 Type 来定义记录类型，当某个字段的数据类型为 String 时，一定不要忘记指定字符串的长度，否则会影响对文件的正确存取。

3. Data 控件绑定 Access 数据库时，显示“不可识别的数据库格式”错误

VB 6.0 的 Data 控件只能支持 Access 2000 以前版本的数据库。如果连接的数据库版本过高，会报“不可识别的数据库格式”错误。解决办法为安装 VBSP5 补丁，或者将数据库转换为 Access 2000 以前的版本（Access 软件中有专门的转换工具）。

4. 数据库纪录被删除后，该记录还显示在程序界面上

执行了 Delete 命令删除记录后，程序界面上显示的内容仍然是被删除的那一条记录，必须移动记录指针才能刷新。代码如下：

```
<对象>.Recordset.MoveNext
```

5. 更新数据时，产生错误，数据无法写入

更新的数据类型不正确、长度不一致或者索引不唯一都会导致系统报错，数据无法写入。

6. 包含数据库的应用程序复制到其他地方，出现找不到文件的错误

检查数据库文件是否一并被复制到新的路径下，或者程序中数据库连接是否采用了绝对路径。建议将数据库文件和程序文件放在一个目录中，连接数据库时使用相对路径。

8.4　自 测 题 八

一、单选题

1. 语句：Open "C:\Text.Dat" For Output As #1 的功能说明是（　　）。
   A. 以随机文件模式打开文件"Text.Dat"
   B. 以顺序输入（读出）模式打开文件"Text.Dat"
   C. 以顺序输出（写入）模式打开文件"Text.Dat"
   D. 以二进制文件模式打开文件"Text.Dat"
2. 先建立数据文件 X.Dat，然后按顺序模式向该文件写入数据，打开顺序文件的语句是（　　）。
   A. Open "X.Dat" For Random As #1 Len = 16
   B. Open "X.Dat" For Binary As #2
   C. Open "X.Dat" For Output As #3
   D. Open "X.Dat" For Input As #4
3. 执行语句 Open "D:\myfile.txt" For Output As #1 之后，以下说法不正确的是（　　）。
   A. 若 D 盘根目录下原先不存在名为 myfile.txt 的文件，则创建此文件
   B. 若 D 盘根目录下已存在名为 myfile.txt 的文件，则打开此文件并向其中追加内容
   C. myfile.txt 是一个顺序文件
   D. myfile.txt 是以输出方式打开的，只能向文件中写入数据，不能读出
4. 使用 Append 方式打开一个顺序文件后，文件指针指向（　　）。
   A. 文件头　　B. 文件尾
   C. 文件中的一个随机位置　　D. 文件中间位置的数据行
5. 运行下列程序代码片段后，文件"d:\temp.txt"中的内容应该为（　　）。

```
Open "d:\temp.txt" For Output As #1
For i = 1 To 2
    Print #1, "VB";
Next i
Close #1
```

   A. VB　　B. VBVB　　C. "VB"，"VB"　　D. VB　VB　VB

6. 文件“D:\temp.txt”定义记录结构的代码如下（左侧代码），已知执行右侧代码片段后窗体上显示的结果为 120，则文件中有多少条记录？（　　）

左侧代码	右侧代码
Type Student 　Num As Integer 　Nam As String * 8 　Addr As String * 10 End Type	Open "D:\temp.txt" For Random As #1 Len= Len(Student) Print LOF(1) Close #1

A. 4　　B. 5　　C. 6　　D. 8

7. 已知文件列表框控件 File1 的 Pattern 属性为"*.avi; *.mpg; *.rm",则 File1 中可以显示的是哪一类文件？（　　）

A. 视频文件　　B. 动画文件　　C. 音频文件　　D. 图片文件

8. 以下关于数据库的说法不正确的是（　　）。

A. 一个表可以构成一个数据库

B. 多个表可以构成数据库

C. 每个记录中的所有数据项都必须具有相同类型

D. 同一字段的数据具有相同类型

9. Data 控件的方法中，哪一个可以用来撤销用户对绑定控件内数据的修改？（　　）

A. Move 方法　　B. Refresh 方法

C. UpdateRecord 方法　　D. UpdateControls 方法

10. 以下关于 Data 控件的说法中正确的是（　　）。

A. 使用 Data 控件可以直接显示数据库中的数据

B. 使用数据绑定控件可以直接访问数据库中的数据

C. 仅使用 Data 控件可以对数据库中的数据进行操作，但不能显示数据库中的数据

D. Data 控件只有通过数据绑定控件才可以访问数据库中的数据

二、多选题

1. 假定文件 readme.txt 不存在，能够在指定的路径下创建 readme.txt 并将其正确打开的语句包括（　　）。

A. Open "d:\temp\readme.txt" For Output As #1

B. Open "d:\temp\readme.txt" For Append As #1

C. Open "d:\temp\readme.txt" For Input As #1

D. Open "d:\temp\readme.txt" For Random As #1

2. 下面关于文件的叙述中正确的是（　　）。

A. 随机文件中各条记录的长度是相同的

B. 打开随机文件时采用的文件存取方式应该是 Random

C. 打开随机文件与打开顺序文件一样，都使用 Open 语句

D. 向随机文件中写数据应使用语句 Print#文件号

E. 顺序文件和随机文件一样可以同时进行读写操作

3. 若在窗体上有驱动器列表框（Drive1）、目录列表框（Dir1）和文件列表框（File1），实现三个控件的同步变化需要以下哪几个过程？（　　）

A.
```
Private Sub File1_Change()
    File1.Path=Dir1.Path
End Sub
```

B.
```
Private Sub Drive1_Change()
    Dir1.Path=Drive1.Drive
End Sub
```

C.
```
Private Sub Dir1_Change()
    Dir1.Path=Drive1.Drive
End Sub
```

D.
```
Private Sub Drive1_Change()
    Dir1.Path=Drive1.Path
End Sub
```

E.
```
Private Sub Dir1_Change()
    File1.Path=Dir1.Path
End Sub
```

4. 以下可以作为 Data（数据）控件的绑定控件用来进行数据库操作的有（　　）。

A. 文本框（TextBox）　　B. 单选按钮（OptionButton）

C. 列表框（ListBox）　　D. 水平滚动条（HScrollBar）

E. 定时器（Timer）

5. 在 VB 中，只能通过记录集（Recordset）对象进行记录的操作和浏览，记录集有以下哪几种类型？（　　）

A. 视图（View）　　B. 表（Table）　　C. 快照（SnapShot）

D. 动态集（DynaSet）　　E. 静态集（StaticSet）

三、程序填空题

执行下列程序时，每次单击“添加记录”按钮（Command1），总能把一个学生成绩记录添加到随机文件的末尾，见图 8.5。

图 8.5　在随机文件中添加记录

```
Private Type StudentRecord
    Name As String * 8
    Number As String * 6
```

```
    Score As Integer
End Type
Dim Student As StudentRecord
Dim Last As Integer
Private Sub Command1_Click()
    Student.Name = Text1
    Student.Number = Text2
    Student.Score = Text3
    Put #1, Last, Student
    ____________①____________
End Sub
Private Sub Form_Load()
    Open "D:\Student.txt" For Random As #1 Len = Len(Student)
    Last = ______________②______________
End Sub
```

第 9 章　程序设计常用算法

9.1　学 习 目 标

1. 递推算法和递归算法。
2. 排序算法（选择法和冒泡法）。
3. 查找算法（顺序查找和折半查找）。
4. 有序数列的插入和删除操作。
5. 初等数论问题求解的有关算法（求最大公约数、素数等）。
6. 字符串数据处理。

9.2　习 题 解 答

一、上机练习题

1. 如图 9.1 所示，编写字符统计与直方图显示程序。要求如下：

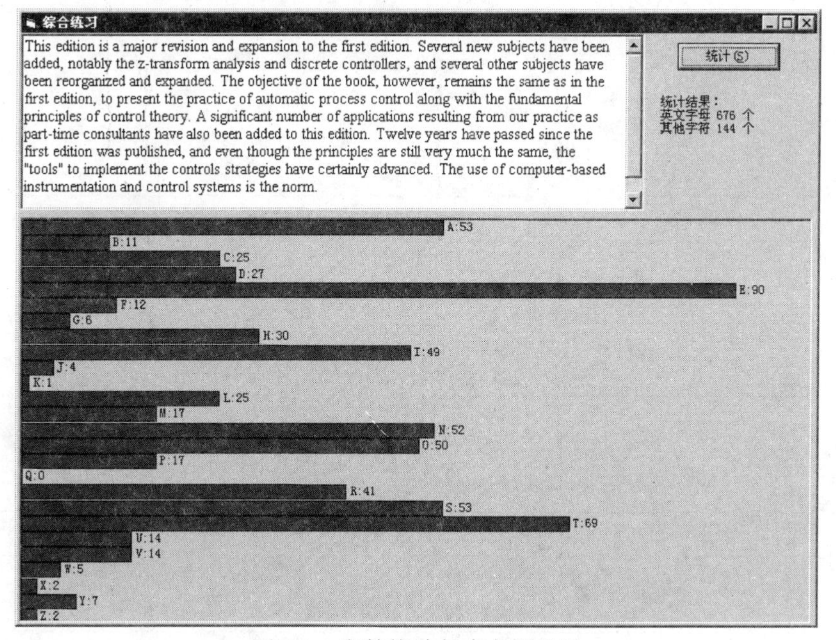

图 9.1　字符统计与直方图显示

（1）文本框中可输入和显示多行文字；

（2）单击“统计”按钮，则统计文本框中英文字符数和其他字符数，同时用直方图显示 26 个英文字母的个数。

【思路分析】

本题是关于字符串处理、数组、控件和动态数组控件的综合练习。

（1）界面设计（见表 9.1）。

表 9.1　图 9.1 界面元素及其说明

界面元素	名称	说明
窗体	Form1	标题设置为“综合练习”
文本框	Text1	用于输入和显示文字，也可复制一段英文。为便于显示和编辑长文本，设置多行属性 MultiLine 为 True，滚动条属性 ScrollBars 为 2（Vertical）
图片框	Picture1	作为控件容器，用于显示直方图和字母统计数据
图形（控件数组）	Shape1（0）	用于显示横条。设置形状属性 Shape 为 0（Rectangle），填充方式 FillStyle 为 1（Solid），填充颜色 FillColor 为蓝色。特别地，设置控件数组的标识号 Index 为 0，可见属性 Visible 为 False。控件大小和位置等属性在程序中设置
标签（控件数组）	Label1（0）	用于显示英文字母的统计数据。设置自动调整大小 AutoSize 为 True；特别地，设置控件数组的标识号 Index 为 0，可见属性 Visible 为 False。控件大小和位置等属性在程序中设置
标签	Label2	用于显示英文和其他字符的数目。设置其 Capion 属性为“统计结果:”
命令按钮	Command1	用于执行统计字符和显示直方图。设置其 Capion 属性为“统计”

（2）代码设计（见表 9.2）。

表 9.2　程序功能块及其说明

功能块	说明
变量说明	a（0）~a（25）分别存放 26 个英文字符出现的次数，a（26）存放其他字符的次数
统计字符出现的次数	若是英文字符，计算其序号 p，然后计数
寻找出现最多的英文字母，统计英文字符数	寻找 a（0）~a（25）中的最大值及其位置，累加 a（0）~a（25）得到英文字符数，最后在 Label2 中显示统计结果
动态加载控件数组	加载控件，并设置其位置和高度
绘制直方图 显示统计数据	根据最大值计算 Shape1 控件数组的宽度；设置 Label1 控件数组的水平位置和 Caption 属性

注意　程序需要计算 26 个字母中出现的最大次数。否则，无法确定条图宽度与次数的比例关系，从而出现条图要么太短，要么太长的情形。

【参考代码】

```
Option Explicit
Private Sub Command1_Click()
    Dim a (0 To 26) As Integer
    Dim s$, i%, p%, max%, sum%

    '(1) 统计 26 个英文字符(不区分大小写)和其他字符出现的次数
    s = Text1.Text
    For i = 1 To Len(s)
        p = Asc(UCase(Mid(s, i, 1))) - Asc("A")
        If p >= 0 And p < 26 Then
            a(p) = a(p)+ 1
        Else
            a(26)= a(26)+ 1     '非英文字符的数目
        End If
    Next i

    '(2) 统计英文字符数，出现次数最多的英文字符及其次数
    p = 0: max = a(0)
    sum = max
    For i = 1 To 25
        If a(i)> max Then
            max = a(i)
            p = i
        End If
        sum = sum + a(i)
    Next i

    Label2.Caption = "统计结果：" & vbCrLf & _
                    "英文字母" & sum & "个" & vbCrLf & _
                    "其他字符" & a (26) & "个"

    '(3) 动态创建 Shape 和 Label 控件数组(加载、位置、大小和可见性)
    If Shape1.Count = 1 Then
        Shape1(0).Height = Picture1.Height / 26

        Shape1(0).Top = 0: Shape1(0).Left = 0: Shape1(0).Visible = True
        Label1(0).Top = 0: Label1(0).Visible = True
```

```
        For i = 1 To 25          '动态加载与设置属性
            Load Shape1(i)

            Shape1(i).Top = Shape1(i - 1).Top + Shape1(i - 1).Height
            Shape1(i).Visible = True

            Load Label1(i)
            Label1(i).Top = Shape1(i).Top
            Label1(i).Visible = True
        Next i
    End If

    '(4) 用直方图显示各字符出现的次数(Shape 和 Label 控件数组)
    For i = 0 To 25
        Shape1(i).Width = Picture1.Width * 0.9 * a(i)/ max
                                                        '条的宽度

        Label1(i).Left = Shape1(i).Left + Shape1(i).Width + 50
                                                        '位置与文字

        Label1(i).Caption = Chr(Asc("A")+ i)& ":" & a(i)
    Next i
End Sub
```

【代码改进】

上述代码太长，应该采用模块化设计，即把四个代码块分别用过程来实现。

2. 背包问题：有不同价值、不同重量的物品 n 件，求从这 n 件物品中选取一部分物品的选择方案，使选中物品的总重量不超过指定的限制重量，但选中物品的价值之和最大。

【思路分析】 设 n 件物品的重量分别为 w_0，w_1，…，w_{n-1}，物品的价值分别为 v_0，v_1，…，v_{n-1}，限制重量为 tw。

枚举法思路　用枚举法解决背包问题，需要枚举所有的选取方案。考虑一个 n 元组（x_0，x_1，…，x_{n-1}），其中 $x_i = 0$ 表示第 i 个物品没有选取，而 $x_i = 1$ 则表示第 i 个物品被选取。显然，这个 n 元组等价于一个选择方案，即枚举所有的 n 元组，就可以得到问题的解。每个分量取值为 0 或 1 的 n 元组的个数共为 2^n 个，而每个 n 元组其实对应了一个长度为 n 的二进制数，且这些二进制数的取值范围为 $0 \sim 2^{n-1}$。因此，如果把 $0 \sim 2^{n-1}$ 分别转化为相应的二进制数，则可以得到所需要的 2^n 个 n 元组。

附录 A　自测题参考答案

自 测 题 一

一、单选题

1	2	3	4	5	6	7	8	9	10
A	A	A	D	C	C	C	B	C	B
11	12	13	14	15	16	17	18	19	20
B	A	D	C	B	A	C	B	B	D

二、填空题

1. Windows、调试
2. 事件
3. 控件
4. 数据、代码
5. 属性、对象、事件、方法
6. 事件、方法
7. 创建“标准 EXE”工程和添加窗体、画程序界面、设置窗体及控件属性、编写程序代码、调试运行程序、保存所有工程文家
8. 设计时的第一个窗体
9. 窗口、数据输入、数据输出
10. Form_Initialize →.Form_Load → Form_Resize → Form_Activate → Form_Paint → **Form_Click** → Form_QueryUnload → Form_Unload → Form_Terminate

三、上机操作题

1. 利用可视化工具设计界面，标签的文字（Caption）属性设置为“Visual Basic 易学易用!”。
2. （1）界面设计。利用可视化工具设计界面，添加标签控件，设置其文字属性（Caption）为“Visual Basic 易学易用!”，自动调整大小（AntoSize）属性为 True。

   （2）代码设计。利用代码设计器编写程序代码。参考代码编写如下：

```
Private Sub Form_Resize()              '当窗体大小改变时执行
    Label1.Left = (Me.ScaleWidth - Label1.Width) / 2
```

```
    Label1.Top = (Me.ScaleHeight - Label1.Height) / 2
End Sub
```

（3）调试运行之后，保存所有文件。

3. 在窗体上添加 1 个文本框、1 个命令按钮和多个标签。为便于测试，可设置文本框的 Text 属性为“2”；编写代码前，需要记住各个标签的名称。

自 测 题 二

一、单选题

1	2	3	4	5	6	7	8	9	10
C	D	C	D	B	B	A	B	B	A
11	12	13	14	15	16	17	18	19	20
C	B	A	B	C	B	D	C	C	D
21	22	23	24	25	26	27	28	29	30
B	C	D	A	C	B	A	B	B	D

二、多选题

1	2	3	4	5	6
BDE	BC	ADE	BCD	ABCE	BDE
7	8	9	10	11	12
ABCDE	BCE	DE	ABDE	CDE	AC

三、判断题

1	2	3	4	5	6	7	8	9	10	11	12
×	×	×	×	×	√	×	×	√	√	×	√

四、程序阅读题

1	2	3	4	5
B	C	A	D	D

自 测 题 三

一、单选题

1	2	3	4	5	6	7	8
B	A	B	C	C	C	B	C
9	10	11	12	13	14	15	
D	D	C	A	C	D	A	

二、多选题

1	2	3	4	5
ABCDE	CE	BCD	BE	ABC

三、判断题

1	2	3	4	5
T	F	F	F	T

四、程序填空题

1	① Text1	② Print k		
2	① 2 * x - 1	② Print "A";	③ Next k	
3	① 0	② 1	③ + k	④ * k
4	① Int (Rnd * 100 + 1)	② x > Max	③ x < Min	
5	① i = j	② Print		
6	① 2004	② GDP	③ (1+0.12)	④ GDP>=5000
7	① 2	② Sqr (N)	③ 0	④ 0
8	① 1 Step 0	② Count + 1		
9	① n = n + 1	② 2 ^ n >= m		
10	① Len	② k 或 k+1 或 k+2		

五、程序阅读题

1	2	3	4	5	6	7	8
A	B	D	C	C	A	B	C
9	10	11	12	13	14	15	
B	A	D	D	A	D	D	

六、编程题

1. 【参考代码】

```
Private Sub Command1_Click()
    Dim s As String, s1 As String
    Label1 = "" : s = Text1
    For i = 1 To Len(s)
    s1 = Mid(s, i, 1)
        If s1 <> " " And i <> Len (s) Then    '本身是空格的或最后的字符不加空格
            Label1 = Label1 & s1 & " "
        Else
            Label1 = Label1 & s1
        End If
    Next i
End Sub                                      '结束按钮的代码略
```

2. 【参考代码】

```
Private Sub Command1_Click()
    Dim s As String, max As Integer, mnum As Integer
    s = Text1 : max = 0
    For i = 0 To 9                                '原字符串长度减去将指定字符
        If Len(s) – Len(Replace(s, i, "")) > max Then
                                                  '替换成空字符后的字符串长度
            max = Len(s) – Len(Replace(s, i, ""))  '等于字符出现的次数
            mnum = i
        End If
    Next i
    Label1 = "出现最多的数字为" & mnum & "，次数为" & max
End Sub
```

3. 【参考代码】

```
Private Sub Form_Click()
    For i = 1 To 39 Step 2
        x = x + (-1)^((i - 1) / 2) / I        '本题关键就在于这个表达式
    Next i
    Print 4 * x
End Sub
```

4. 【参考代码】

```
Private Sub Form_Click()
    Dim jGDP As Single, cGDP As Single, n As Integer
    jGDP = 4.7528
```

```
    cGDP = 2.2257
    Do While cGDP <= jGDP
        n = n + 1
        jGDP = jGDP *(1 + 0.028)
        cGDP = cGDP *(1 + 0.098)
    Loop
    Print n & "年后，中国(" & cGDP & ")将超过日本(" & jGDP & ")。"
End Sub
```

5. 【参考代码】

```
Private Sub Form_Click()
    For i = 100 To 200
        If i Mod 3 <> 0 And i Mod 5 <> 0 Then
            Print i;
            n = n + 1                              '计算输出了多少个数
            If n Mod 9 = 0 Then Print              '逢 9 的倍数换行
        End If
    Next i
End Sub
```

6. 【参考代码】

```
Private Sub Command1_Click()
    Dim a As Single, money As Single
    a = Text1
    Select Case a                          '只有超出部分里程才用另一种价格计费
        Case Is <= 3
            money = 7
        Case Is <= 15
            money = 7 + (a – 3)* 1.2
        Case Else
            money = 7 + 12 * 1.2 + (a – 15)* 1.8
    End Select
    Label2 = "应收车费：" & Format(money, "0.00")& "元。"
End Sub
```

7. 【参考代码】

```
Private Sub Form_Click()
    For i = 1 To 5
        Print Space(10);
        For j = 1 To 10
            If Abs(j - 5.5) >= i Then Print "*"; Else Print " ";      '着重理解判断条件
```

```
        Next j
        Print
    Next i
End Sub
```

8. 【参考代码】

```
Private Sub Form_Click()
    Dim n As Integer
    n = Val(InputBox("请输入[1,26]区间的整数：" & vbCrLf & "(超出范围无效)", "
    输入", 15))
    For i = 1 To n
        Print Space(26 - i);
        For j = 1 To i
            Print Chr(Asc("A") + i – 1); " ";
        Next j
        Print
    Next i
End Sub
```

9. 【参考代码】

```
Private Sub Form_Click()
    Dim a As Integer, b As Integer, c As Integer
    For i = 100 To 999          '解题的关键是把个位、十位、百位的数拆分出来
        a = i \ 100
        b = (i Mod 100) \ 10
        c = i Mod 10
        If i + c * 100 + b * 10 + a = 1333 Then Print i
    Next i
End Sub
```

10. 【参考代码】

```
Private Sub Form_Click()
    For i = 2 To 10000
        Sum = 1                                   '1 是所有整数的因数，故先加上
        For j = 2 To i - 1
            If i Mod j = 0 Then Sum = Sum + j   '能将 i 整除即为 i 的因数
        Next j
        If Sum = i Then Print i
    Next i
End Sub
```

七、程序调试题

1. Error1：Dim B As String, D As Integer
   Error2：Do While D > 0
   Error3：B = D Mod 2 & B
   Error4：D = D \ 2
2. Error1：n = Val（Text1.Text）
   Error2：V = 0
   Error3：For k = 1 To n
   Error4：P = P * 10 + k
3. Error1：Dim myexp As Single, term As Single, i As Integer
   Error2：myexp = 1
   Error3：Do Until（term <= 0.000001）或者 Do While（term <= 0.000001）
   Error4：myexp = myexp + term
   Error5：term = term * x /（i+1）

自 测 题 四

一、单选题

1	2	3	4	5	6	7	8	9	10
A	B	B	D	C	B	C	C	C	A

二、多选题

1	2	3	4	5
AD	DE	ABCE	BCDE	ABC

三、程序填空题

1	① Max = 0	② a（i）> Max	③ Max = a（i）
2	① ReDim A（n, n）, B（n - 1, n - 1）	③ B（i, j）= A（i, j）	③ Print
3	① Round（Rnd）	② i	
4	① i = j	② Print	
5	① 1	② a(i)> a(i + 1)	

四、程序阅读题

1	2	3	4	5
D	D	B	D	D

自 测 题 五

一、单选题

1	2	3	4	5	6	7	8	9	10
A	B	D	D	D	C	A	D	B	C

二、判断题

1	2	3	4	5	6	7
√	√	√	×	√	×	×

三、程序填空题

1	① Text1	② Function	③ str1
2	① Step 2	② dg（i）	
3	① fun（Val（i））	② f	

四、程序阅读题

1	2	3	4	5
B	D	B	D	D

自 测 题 六

一、单选题

1	2	3	4	5	6	7	8	9	10
D	C	C	B	C	C	B	C	D	D
11	12	13	14	15	16	17	18	19	20
B	D	D	B	D	C	C	A	C	B
21	22	23	24	25	26	27	28	29	30
B	C	D	B	C	B	A	A	C	A

二、多选题

1	2	3	4	5
ACD	ABE	BCE	AE	ABCDE
6	7	8	9	10
ABCE	ACDE	ABCD	ABCD	ABCDE
11	12	13	14	15
CE	BD	BCDE	BCD	AC
16	17	18	19	20
ADE	ABC	DE	BCE	DE

三、程序填空题

1	① X	② Visible	③ Enabled
2	① Index As Integer	② BackColor	
3	① Hscroll1.Value	② Label1.Left =（Me.Width - Label1.Width）/ 2	
4	① 1（或 Checked）	② Caption	
5	① Len（Text1）	② Picture1.Width/2 或者（Picture1.Width – Picture1.TextWidth（Mid（Text1, i, 1）））/2	

自 测 题 七

一、单选题

1	2	3	4	5	6	7	8
B	D	A	C	A	D	D	C
9	10	11	12	13	14	15	
D	C	D	C	B	C	D	

二、程序填空题

1	① Button	② -（X, Y）	
2	① 1	② 50	③ Circle（X, Y）, R
3	① Len（S）	② Mid（S, i+1, 1）	
4	① Button = 2	② start = True	③ -（X, Y）

三、程序阅读题

1	2	3	4	5	6	7	8
B	A	A	A	C	C	C	B

自 测 题 八

一、单选题

1	2	3	4	5	6	7	8	9	10
C	C	B	B	B	C	A	C	D	C

二、多选题

1	2	3	4	5
ABD	ABC	BE	AC	BCD

三、程序填空题

① Last = Last + 1

② Last = LOF（1）/ Len（Student）+ 1

附录B　VB语言基础

1.　VB基本数据类型

说明	数据类型	表示范围
整型	Integer	−32768~32767 范围内的任何整数
长整型	Long	−2147483648~2147483647 范围内的任何整数
单精度实数型	Single	绝对值在 1.401298×10^{-45}~3.402823×10^{38} 内的任何实数，有效数字 6~7 位
双精度实数型	Double	绝对值在 10×10^{-324}~1.79×10^{308} 内的任何实数，有效数字 6~7 位
逻辑型	Boolean	True 或 False
字节型	Byte	0~255
货币型	Currency	−922337203685477.5808~+922337203685477.5807
日期型	Date	100 年 1 月 1 日~9999 年 12 月 31 日
字符串	String	0~ 20 亿

2. VB常见的标准函数

函数名称	功能
Abs(x)	以相同的数据类型返回一个数字的绝对值 abs(-3.5)=3.5
Asc(x)	返回指定字符串中第一个字符的 ASCII 码值 asc(“A”)=65
Atn(x)	返回指定数字的反正切值
Chr(x)	返回指定的 ASCII 代码所对应的字符 chr(65)=“A”
Sqr(x)	以双精度浮点数的形式返回一个数（不小于 0）的平方根 sqr(4)=2.0
Exp(x)	以双精度浮点数的形式返回以 e（自然对数的底）为底的指数
Fix(x)	返回一个数字的整数部分 fix(3.9)=3，fix(3.1)=3，fix(-3.9)=-3
Int(x)	返回一个不大于 x 的最大整数 int(3.9)=3，int(-3.9)=-4
Round(x)	返回一个按指定小数位数的四舍五入的数值
Log(x)	以双精度浮点数的形式返回一个数字的自然对数
Rnd()	以单精度浮点数的形式返回一个随机数
Sin(x)	以双精度浮点数的形式返回一个角度的正弦值
Cos(x)	以双精度浮点数的形式返回一个角度的余弦值
Tan(x)	返回一个角度的正切值
Left(x,m)	返回指定字符串 x 中最左边的 m 个字符
Len(x)	返回指定字符串的字符个数或返回存储某个变量所需要的字节数

续表

函数名称	功能
Mid(x,m,n)	返回指定字符串 x 中从 m 开始的 n 个字符
Right(x,m)	返回指定字符串 x 中最右边的 m 个字符
Space(x)	返回 x 个空格的字符串
Second()	返回秒数（0~59）
Str(x)	将一个数字转换成对应的数字字符串，并返回该字符串
Val(x)	将一个数字字符串转换成对应的数值
String(x)	返回由若干个同一个字符组成的字符串
Date()	返回当前系统日期
Day()	返回一个 1~31 的整数，用来表示一月中的某一天
Minute()	返回一个 0~59 的整数，用来代表一小时中的某一分钟
Mouth()	返回一个 1~12 的整数，用来代表一年中的某个月份
Now()	返回当前系统的日期和时间
Hour()	返回一个 0~23 的整数，用来代表一天中的某个小时
Time()	返回当前的系统时间
Timer()	返回从午夜 0 时开始到现在经过的秒数
Weekday()	返回一个用来表示一星期中某一天的整数
Year()	返回一个用来表示年份的整数

3. VB 运算符

1）算术运算符

基本运算	运算符	优先级	示例
乘方	^	9	2^8 表示 2^8
负号	-	8	-3 表示负 3
乘法	*	7	a*b 表示 a 乘以 b
除号	/	7	5.2/2 计算结果为 2.6
整除	\	6	5\2 计算结果为 2
求余数	Mod	5	17 mod 3 计算结果为 2
加法	+	4	a+b 表示 a 加 b 的和
减法	-	4	a-b 表示 a 减去 b 的差

说明：（1）优先级数字越大，优先级别越高，在进行运算时越先计算；

（2）VB 中只使用一种括号（ ），它可以多次嵌套。

2）关系运算符

关系运算	运算符	优先级	示例
大于	>	3	100>99 结果为 True
小于	<	3	1.2<-23 结果为 False
大于或等于	>=	3	Sin(1)>=0 结果为 True
小于或等于	<=	3	Sqr(3)<=0 结果为 False
等于	=	3	12=13 结果为 False
不等于	<>	3	12<>13 结果为 True

说明：关系运算的结果为逻辑型，条件成立为 True，条件不成立为 False。

3）逻辑运算符

关系运算	运算符	优先级	示例
非（求反）	Not	2	Not(12<>13)结果为 False
与（并且）	And	1	(23>10) and (30<23)结果为 False
或（或者）	Or	0	(23>10) or (30<23)结果为 True

说明：（1）参加逻辑运算的数据只能是逻辑类型，运算结果也为逻辑类型；

（2）Not 运算是将原运算结果求反；

（3）And 运算也就是并且的意思，只有当运算符左右两边条件都成立时，整个条件才成立，运算结果为 True，否则运算结果为 False；

（4）Or 运算也就是或者的意思，只要运算符左右两边条件有一边条件成立，整个条件就成立，运算结果为 True，否则运算结果才为 False（两边条件都不成立）。

4. VB 基本语句

```
' 选择语句：

If 条件1 Then
   语句1
ElseIf 条件2 Then
   语句2
   ⋮
ElseIf 条件n Then
   语句n
Else
   语句0
End If
```

```
' 循环语句（For）：

For 循环变量 = 初值 To 终值 Step 步长
    语句
Next 循环变量
```

```
' 循环语句（Do）：

Do While 条件表达式
    语句
Loop
```